电气信息工程丛书

U0175202

# 西门子 S7-200 SMART PLC 编程与应用案例精选

叶志明　马　艳　刘华波　编　著

机 械 工 业 出 版 社

本书以案例式教学为特色，通过 37 个项目讲解西门子 S7 - 200 SMART PLC 的编程及应用。这些项目分为基本指令和功能指令两部分，分别介绍了位逻辑、定时器、计数器、程序控制、表处理、数据处理、中断、高速计数及高速脉冲输出等基本指令和配方，以及数据块、数据日志、PID 控制、通信、运动控制等复杂功能指令，每个项目都给出了程序清单及注释，并适当进行点评。

　　本书可作为大专院校电气控制、机电工程、计算机控制及自动化类专业学生的参考用书，适合职业学校学生及工程技术人员培训及自学使用，对西门子 S7-200 SMART PLC 的用户也有一定的参考价值。

**图书在版编目（CIP）数据**

西门子 S7-200 SMART PLC 编程与应用案例精选/叶志明，马艳，刘华波编著 . —北京：机械工业出版社，2021.7（2022.6 重印）
（电气信息工程丛书）
ISBN 978-7-111-68241-7

Ⅰ . ①西… 　Ⅱ . ①叶… 　②马… 　③刘… 　Ⅲ . ①PLC 技术-程序设计
Ⅳ . ①TM571. 61

中国版本图书馆 CIP 数据核字（2021）第 091342 号

机械工业出版社（北京市百万庄大街 22 号　邮政编码 100037）
策划编辑：李馨馨　　责任编辑：李馨馨
责任校对：张艳霞　　责任印制：常天培

北京机工印刷厂印刷

2022 年 6 月第 1 版·第 2 次印刷
184mm×260mm · 12. 5 印张 · 306 千字
标准书号：ISBN 978-7-111-68241-7
定价：79. 00 元

电话服务　　　　　　　　　　　网络服务
客服电话：010-88361066　　　　机　工　官　网：www.cmpbook. com
　　　　　010-88379833　　　　机　工　官　博：weibo. com/cmp1952
　　　　　010-68326294　　　　金　书　网：www. golden-book. com
**封底无防伪标均为盗版**　　　　机工教育服务网：www.cmpedu. com

# 前　言

西门子 S7-200 SMART PLC 是西门子公司为中国客户量身定制的一款高性价比小型 PLC 产品，它结合了西门子 SINAMICS 驱动产品和 SIMATIC 人机界面产品的小型自动化解决方案，广泛应用于工业生产之中。目前，市面上关于 PLC 的书籍非常多，特别是西门子 S7 系列的教材更是层出不穷。这些书籍多数集中于 PLC 基本结构、基本原理及指令等的介绍，而本书采用案例式教学方法，通过 37 个典型应用项目让读者理解 S7-200 SMART PLC 的编程与应用。

每个项目首先会给出项目要求，接着进行项目分析，在给出程序清单与注释的基础上，最后适当加以点评，使读者举一反三，加深对相关指令及编程的理解和运用，改变了以往"多本手册在手，却无法编写出一个程序"的局面。

本书将所有项目分为两大部分：基本指令和功能指令。基本指令主要包括 S7-200 SMART PLC 的位逻辑、定时器、计数器、程序控制、表处理、数据处理、中断、高速计数及高速脉冲输出等指令的典型应用，本部分内容篇幅较短，读者应侧重理解每个项目的编程技巧，进而扩展改进，并将之应用于实际的工程项目；而功能指令主要包括 S7-200 SMART PLC 的数据块、数据日志、PID 控制、通信、运动控制等复杂功能指令的应用，这部分篇幅较大，读者应全面了解相应功能的使用背景，上机操作练习，系统掌握。

本书由叶志明、马艳和刘华波编写，叶志明、马艳负责项目程序的调试等工作，全书由刘华波统稿。

本书编写过程中，西门子（中国）有限公司的各位同仁给予了大力支持，提供了大量技术资料，提出了宝贵建议；机械工业出版社的时静编辑、李馨馨编辑也提出了很多有价值的编写及修改建议，在此一并表示感谢。

本书注重理论和实践的结合，强调基本知识与操作技能的结合，书中提供了大量的示例，读者在阅读过程中应结合系统手册和软件帮助加强练习，举一反三，系统掌握。

为配合学习，本书配有视频、37 个项目例程、STEP 7-Micro/WIN SMART V2.2 软件及产品手册、系统手册和相关文档资料，扫描封底"工控有得聊"二维码，关注后回复 68241，即可获取本书配套资源下载链接，也可联系编辑索取（微信：jsj15910938545/电话：010-88379739）。

因作者水平有限，书中难免有错漏及疏忽之处，恳请读者批评指正。作者电子邮箱：hbliu@qdu.edu.cn。

作　者

# 目　　录

前言

## 第一部分　基 本 指 令

项目 1　用接通延时定时器产生断开延时、脉冲和扩展脉冲 ……………………………… 2

项目 2　统计一台设备的运行时间 ……………………………………………………………… 5

项目 3　楼梯灯的定时点亮 …………………………………………………………………………… 7

项目 4　输入信号的边缘检测 ……………………………………………………………………… 9

项目 5　彩灯控制 …………………………………………………………………………………… 11

项目 6　使用 FILL、FOR/NEXT 指令以及置位复位位和字节的几种方法 …………… 13

项目 7　计算最近一段时间的流量累积值 …………………………………………………… 16

项目 8　组合机床动力头进给运动控制（顺序控制设计法） …………………………… 18

项目 9　读写 S7-200 SMART 实时时钟 …………………………………………………………… 25

项目 10　模拟输入量的处理 ………………………………………………………………………… 28

项目 11　模拟量的转换 ……………………………………………………………………………… 31

项目 12　建立库文件 …………………………………………………………………………………… 33

项目 13　使用 EM AT04 热电偶模块 ……………………………………………………………… 37

项目 14　处理定时中断 ……………………………………………………………………………… 41

项目 15　处理 I/O 中断 ……………………………………………………………………………… 45

项目 16　使用高速脉冲输出 ……………………………………………………………………… 47

项目 17　利用高速脉冲输出控制灯泡亮度 ………………………………………………… 49

项目 18　处理脉宽调制（PWM） …………………………………………………………………… 51

项目 19　使用脉冲输出触发步进电动机驱动器 …………………………………………… 56

项目 20　使用高速计数器 …………………………………………………………………………… 60

项目 21　使用高速计数器累计模拟量/频率转换器（A/F）的脉冲来模拟电压值 ……… 65

## 第二部分　功 能 指 令

项目 22　使用状态图表 ……………………………………………………………………………… 70

项目 23　S7-200 SMART 数据块的使用 …………………………………………………………… 73

项目 24　使用 S7-200 SMART 的数据日志 ……………………………………………………… 76

项目 25　中断及中断指令 …………………………………………………………………………… 81

项目 26　系统块的组态 ……………………………………………………………………………… 85

项目 27　带参数子程序的编写 …………………………………………………………………… 92

项目 28　将 S7-200 项目移植为 S7-200 SMART 项目 ……………………………………… 96

项目 29　S7-200 SMART 自由口通信模式的应用 …………………………………………… 103

项目 30　使用 PID 回路控制 ································································· 109

项目 31　S7−200 SMART Modbus RTU 通信 ········································· 121

项目 32　S7−200 与 S7−300 的 MPI 通信 ············································· 132

项目 33　通过 PROFIBUS−DP 网络连接 S7−200 SMART 和 S7−300 PLC　136

项目 34　SF−200 SMART 以太网通信 ·················································· 143

项目 35　使用 USS 协议控制变频器 ····················································· 149

项目 36　使用 S7−200 SMART 的运动控制向导 ······································ 161

项目 37　PC Access SMART 配置 ······················································· 190

参考文献 ············································································································· 193

# 第一部分　基本指令

# 项目1 用接通延时定时器产生断开延时、脉冲和扩展脉冲

## 项目要求

利用 S7-200 SMART PLC 的接通延时（ON-delayed）定时器，产生断开延时（OFF-Delay）、脉冲（Pulse）及扩展脉冲（Extended Pulse）。

## 项目分析

接通延时定时器的基本工作原理如图 1-1 所示：使能端（IN）接通时开始定时，定时当前值大于等于预设值（PT）时（PT=1~32767），定时器状态位置位，即定时器对应的常开触点闭合，常闭触点断开；定时值达到预设值后，定时器继续计数，直到最大值 32767 为止；使能端断开，定时器状态位复位，当前值被清零。

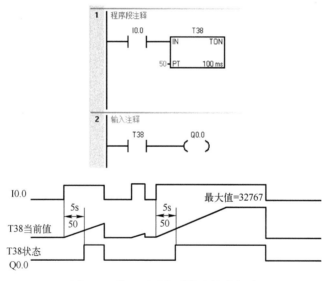

图 1-1 接通延时定时器及其时序图

## 编程示例

实现断开延时、脉冲和扩展脉冲的程序清单及注释如图 1-2 所示，主程序分为 3 个相对独立的部分，分别用来实现相应的功能。

图 1-2 实现断开延时、脉冲和扩展脉冲的程序

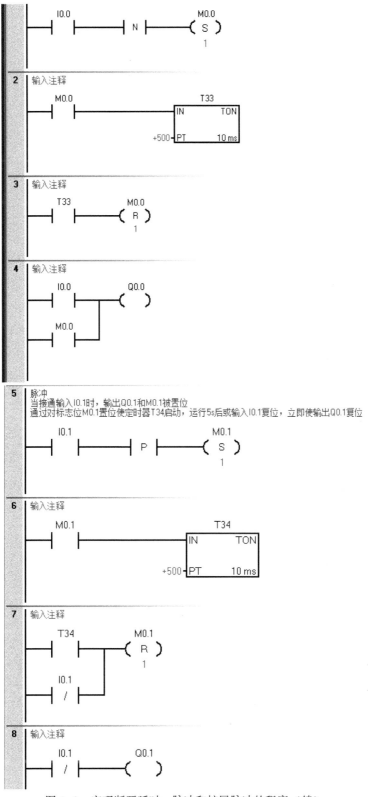

图 1-2 实现断开延时、脉冲和扩展脉冲的程序（续）

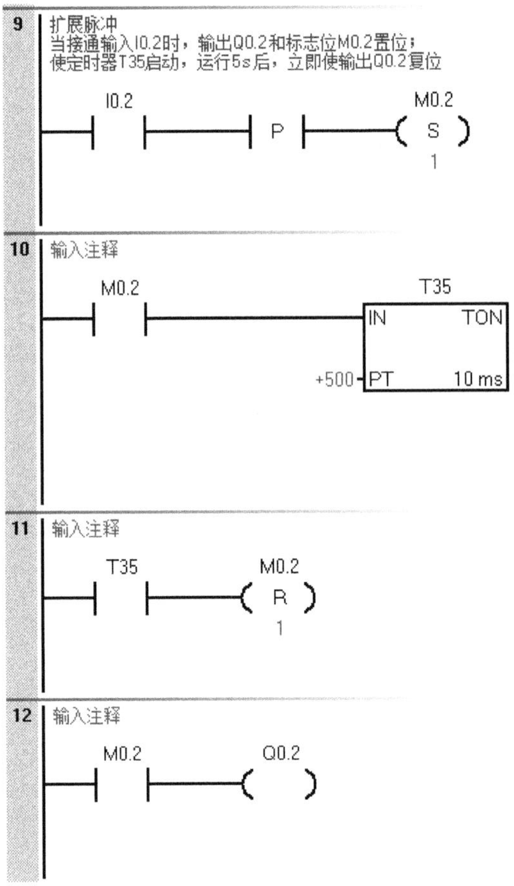

图 1-2 实现断开延时、脉冲和扩展脉冲的程序（续）

### 经验技巧

S7-200 SMART PLC 中有三种类型的定时器：接通延时定时器 TON、保持型接通延时定时器 TONR 和断电延时定时器 TOFF，有 1 ms、10 ms 和 100 ms 三种分辨率，分辨率取决于定时器类型，如表 1-1 所示。要正确使用定时器，需要熟悉各种类型定时器的工作原理，控制定时器的启动、停止和复位是用好定时器的关键。

表 1-1 定时器的特性

| 定时器类型 | 分 辨 率 | 定时范围 | 定时器号 |
|---|---|---|---|
| TONR | 1 ms | 32.767 s | T0, T64 |
| | 10 ms | 327.67 s | T1～T4, T65～T68 |
| | 100 ms | 3276.7 s | T5～T31, T69～T95 |
| TON TOFF | 1 ms | 32.767 s | T32, T96 |
| | 10 ms | 327.67 s | T33～T36, T97～T100 |
| | 100 ms | 3276.7 s | T37～T63, T101～T255 |

# 项目 2  统计一台设备的运行时间

## 项目要求

记录一台设备（如制动器、开关等）运行的时间。当设备运行时，输入 I0.0 为高电平，当设备不工作时，I0.0 为低电平。

## 项目分析

I0.0 为高时，开始测量时间；I0.0 为低时，中断时间的测量，直到 I0.0 重新为高继续测量。测量时间的小时数存在字 VW0 中，分钟数存在字 VW2 中，秒数存在 VW4 中，输出 QB0 的 LED 显示当前的秒数。

## 编程示例

本项目程序包括主程序和子程序 SBR_1，分别如图 2-1 和图 2-2 所示。

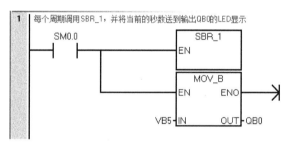

图 2-1  主程序

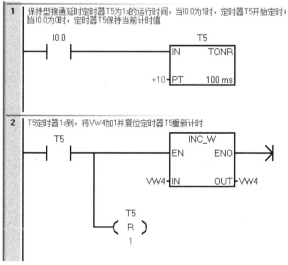

图 2-2  子程序 SBR_1

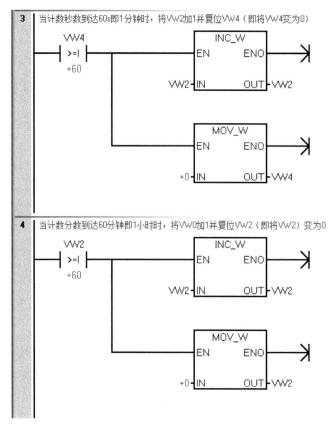

图 2-2　子程序 SBR_1（续）

**分析思考**

如果需要记录一台设备连续运行的时间，则应该如何处理？

（将图 2-2 所示"程序段 1"的定时器类型改为接通延时定时器，且在 I0.0 的上升沿将 VW0、VW2 和 VW4 单元清 0。）

# 项目 3　楼梯灯的定时点亮

## 项目要求

当按下楼梯灯的启动按钮 I0.0 时，连接到输出 Q0.0 的楼梯灯发光 30 s；如果在这段时间内又一次按下启动按钮，则重新开始计时 30 s，以确保最后一次按启动按钮时，楼梯灯 30 s 内不会熄灭。

## 项目分析

本项目主要考虑按下启动按钮 I0.0 时定时器需要重新启动计时。

## 编程示例

程序清单及注释如图 3-1 所示。

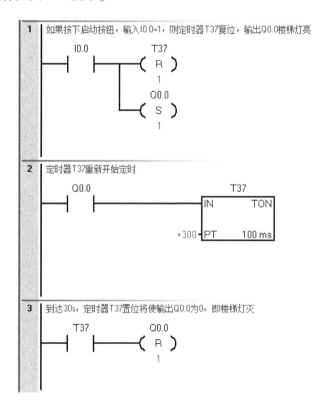

图 3-1　楼梯灯的点亮程序

## 分析思考

将图 3-1 "程序段 1" 的复位 T37 指令去掉可以不可以，为什么？"程序段 2" 中的常开触点换为 SM0.0 会有什么问题？

（如果将 "程序段 1" 中的复位 T37 指令去掉，则无法实现 Q0.0 有输出时再按下 I0.0 重新计时 30 s 的功能；"程序段 2" 中的常开触点若换为 SM0.0，长时间未按下 I0.0 可能会导致定时器溢出。）

# 项目4 输入信号的边缘检测

## 项目要求

使用S7-200 SMART PLC的边沿指令来检测输入信号的变化。使用上升沿和下降沿来区分信号的变化，上升沿指信号由"0"变为"1"，下降沿指信号由"1"变为"0"。

## 项目分析

本项目主要考虑信号的边沿指令的使用。程序中通过2个存储字分别累计输入I0.0上升沿数目以及输入I0.1下降沿数目。

## 编程示例

程序清单及注释如图4-1所示。

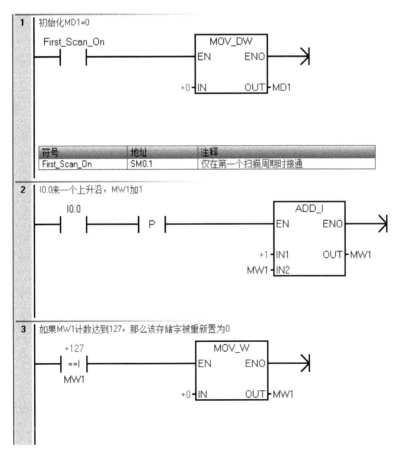

图4-1 输入信号的边缘检测程序

9

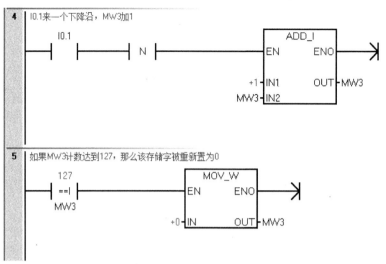

图 4-1 输入信号的边缘检测程序（续）

## 经验技巧

边沿指令主要用于执行一次的情况。如果要求按下 I0.0，VW2 加 1，则需采用图 4-2 所示程序；而图 4-3 所示程序则不行，结合 PLC 的循环扫描工作方式分析可知：按下 I0.0，由于扫描周期时间很短，I0.0＝1 时每个扫描周期 VW2 都会加 1。

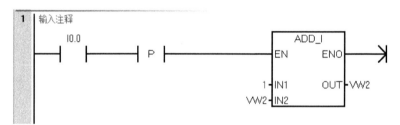

图 4-2 实现按下 I0.0，VW2 加 1 的程序

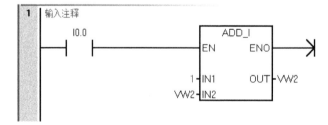

图 4-3 无法实现按下 I0.0，VW2 加 1 的程序

## 分析思考

图 4-1 所示"程序段 1"中的初始化 MD1＝0 与初始化 MW1＝0、MW3＝0 有何关系？

（提示：MD1 由 M 存储区的第一个字节开始的 4 个字节即 MB1～MB4 组成，也就是由 MW1 和 MW3 组成，所以 MD1＝0 与 MW1＝0、MW3＝0 是等价的。）

# 项目 5 彩灯控制

## 项目要求

利用 S7-200 SMART PLC 的移位和循环指令，设计一个 8 位彩灯的"追灯"程序。要求"追灯"的花样可以控制，彩灯移动的速度可以改变，彩灯移动的方向可以改变。

## 项目分析

改变"追灯"的花样，可以通过改变移位指令中每次移动的位数来实现；改变控制彩灯移动时间的定时器的定时时间可以控制彩灯的移动速度；选择循环左移或者循环右移指令决定了彩灯的移动方向。

## 编程示例

本项目的程序清单及注释如图 5-1 所示。

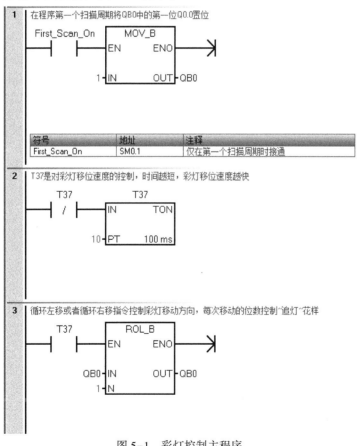

图 5-1 彩灯控制主程序

### 经验技巧

**注意：** T37 利用自复位产生 1 s 的脉冲，时基必须用 100 ms，否则不能用自复位。

可以使用特殊存储器位 SM0.5+上升沿指令来触发循环移位指令，此时移位的时间为 1 s。

# 项目 6　使用 FILL、FOR/NEXT 指令以及置位复位位和字节的几种方法

## 项目要求

采用 S7-200 SMART PLC 的 FILL、FOR…NEXT、R 指令将一定值存入预定的存储区域或对预定的存储区域清零。

## 项目分析

本项目通过 FILL、FOR…NEXT、R 等指令对位、字节进行赋值，由三个子程序分别实现不同的功能。

## 编程示例

程序清单及注释如图 6-1~图 6-4 所示。

图 6-1　主程序

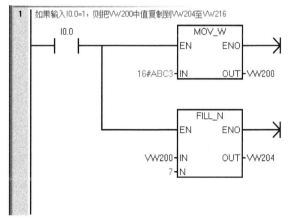

图 6-2　子程序 0

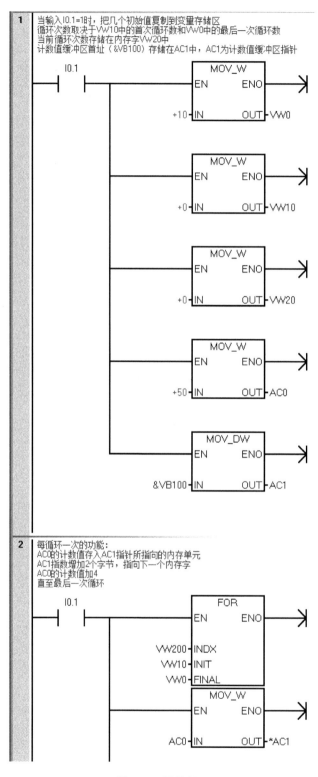

图 6-3  子程序 1

```
                                    ┌─────────────────┐
                            ┌───────┤     ADD_DI      │
                            │       │ EN          ENO ├────►
                            │       │                 │
                        +2 ─┤ IN1         OUT ├─ AC1
                        AC1 ─┤ IN2                 │
                            │       └─────────────────┘
                            │       ┌─────────────────┐
                            └───────┤     ADD_I       │
                                    │ EN          ENO ├────►
                                    │                 │
                                +4 ─┤ IN1         OUT ├─ AC0
                                AC0 ─┤ IN2                 │
                                    └─────────────────┘

 3 │ 循环结束
   │
   │   ─( NEXT )
```

图 6-3　子程序 1（续）

```
 1 │ 如果输入I0.2=1，则把存储器位V100.0至V121.7及V204.0至V217.7置0
   │
   │    I0.2        V100.0
   │   ──┤ ├───┬───( R )
   │             │      176
   │             │   V204.0
   │             └───( R )
   │                    112
```

图 6-4　子程序 2

# 项目7 计算最近一段时间的流量累积值

## 项目要求

利用S7-200 SMART PLC的表指令实现最近某段时间内的流量累积计算，本项目介绍了如何获得最近一小时的累积流量。

## 项目分析

本项目中设定的采样周期为1分钟，通过定义一个包括60个元素的表格来存放每分钟采样获得的最新流量值。

FIFO指令将最旧的流量值从表格中剔除出去，ATT指令将最新的流量值写入表格中。使用FOR…NEXT循环指令将表格中的60个元素进行相加得到最近一小时内的流量累积值。

若想获得其他时间段的流量累积值，可通过修改采样周期和表格元素来实现。

## 编程示例

本项目程序清单及注释如图7-1所示。

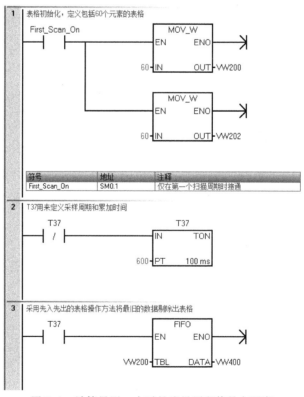

图7-1 计算最近一小时的流量累积值的主程序

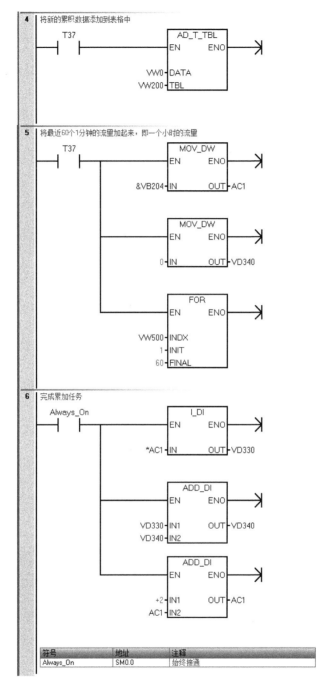

图 7-1 计算最近一小时的流量累积值的主程序（续）

## 经验技巧

本项目使用表格进行累积的思路还可以应用于需要软件滤波的场合，如计算几个采样值的平均值等。

# 项目 8　组合机床动力头进给运动控制
## （顺序控制设计法）

**项目要求**

使用顺序控制设计法设计图 8-1 所示组合机床动力头的进给运动控制梯形图。图中，动力头初始位置停在左边，由限位开关 I0.3 指示，按下启动按钮 I0.0，动力头向右快进（Q0.0 和 Q0.1 控制），到达限位开关 I0.1 后，转入工作进给（Q0.1 控制），到达限位开关 I0.2 后，快速返回（Q0.2 控制）至初始位置（I0.3）停下。再按一次启动按钮，动作过程重复。

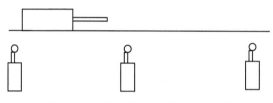

图 8-1　组合机床动力头运动示意图

**项目分析**

由图 8-1 描述的工艺过程可以看出，组合机床动力头的进给运动是典型的单序列顺序控制过程，按照其工作过程可以绘制其顺序功能图，如图 8-2 所示。

图 8-2 中，用 M0.0~M0.3 描述动力头进给运动的 4 个不同阶段，称为步，不同步之间的输出是不完全相同的；在每步的旁边标注了该步的动作，如 M0.1 描述的步的动作为 Q0.0 和 Q0.1 输出；通过转换条件描述步与步之间的转换，如由 M0.0 步转换到 M0.1 步的条件为 I0.0=1。当某一步序标志为 1 时，表示该步为活动步，其动作有效；转换条件到来，则下一步变为活动步，此步变为不活动步。

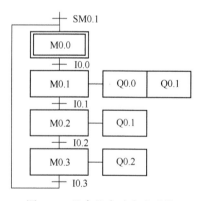

图 8-2　组合机床动力头进给运动的顺序功能图

关于顺序功能图的更多内容请参阅参考文献 [1]。

**编程示例**

对于图 8-2 所示的单序列顺序功能图，可以采用三种编程方法实现。其中，采用启保停方法实现的梯形图程序如图 8-3 所示。

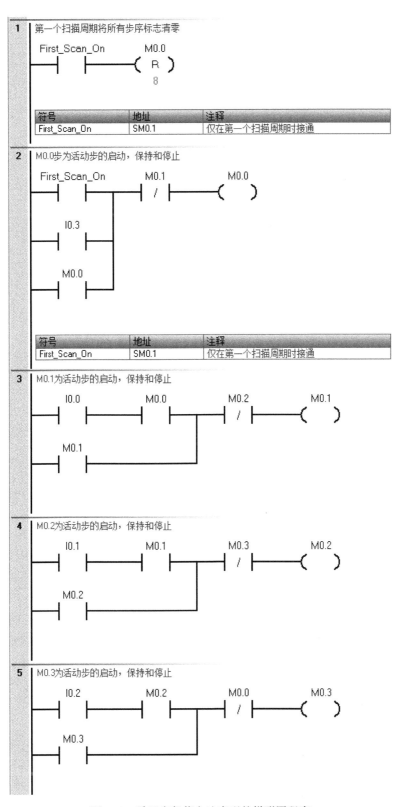

图 8-3 采用启保停方法实现的梯形图程序

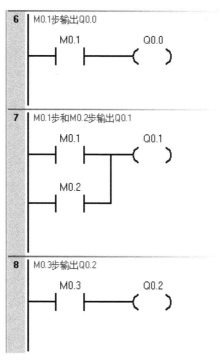

图 8-3　采用启保停方法实现的梯形图程序（续）

图 8-3 所示的梯形图是根据转换条件实现的步序标志的转换。由图 8-2 可知，M0.0 变为活动步的条件是上电运行的第一个扫描周期（即 SM0.1）或者 M0.3 为活动步且转换条件 I0.3 满足，故 M0.0 的启动条件有两个，即 SM0.1 和 M0.3+I0.3；由于这两个信号是瞬时起作用，需要 M0.0 来自锁；当 M0.0 为活动步而转换条件 I0.0 满足时，M0.1 变为活动步，而 M0.0 变为不活动步，故 M0.0 的停止条件为 M0.1=1。故采用启保停电路即可实现顺序功能图中 M0.0 的控制，如图 8-3 的"程序段 2"所示。

同理可以写出 M0.1~M0.3 的控制梯形图，如图 8-3 的"程序段 3"~"程序段 5"所示。

图 8-3"程序段 6"实现了步 M0.1 输出 Q0.0；M0.3 步输出 Q0.2，梯形图如图 8-3 的"程序段 8"所示；M0.1 步和 M0.2 步都输出动作 Q0.1，故梯形图如图 8-3 的"程序段 7"所示。

通过图 8-3 所示梯形图可以看出：整个程序分为两大部分，转换条件控制步序标志部分和步序标志实现输出部分。此种编程思路的程序结构非常清晰，为以后的调试和维护提供了极大的方便。

对于图 8-2 所示的单序列顺序功能图，还可以采用置位复位法编写梯形图程序，如图 8-4 所示。图 8-4 所示"程序段 1"的作用是初始化所有将要用到的步序标志，一个实际工程中的程序初始化是非常重要的。

由图 8-2 可知，上电运行或者 M0.3 步为活动步且满足转换条件 I0.3 时都将使 M0.0 步变为活动步，且将 M0.3 步变为不活动步，采用置位复位法编写的梯形图程序如图 8-4 的"程序段 2"所示。同样，M0.0 步为活动步且转换条件 I0.0 满足时，M0.1 步变为活动步而 M0.0 步变为不活动步，如"程序段 3"所示。

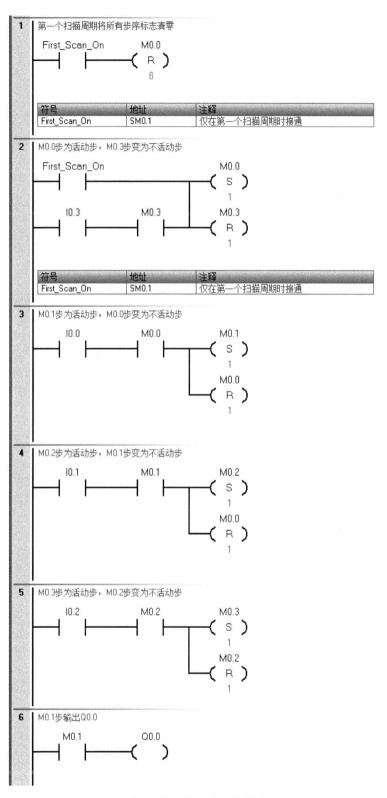

图 8-4  采用置位复位法实现的梯形图程序

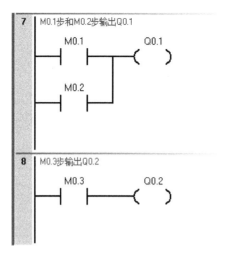

图 8-4　采用置位复位法实现的梯形图程序（续）

采用顺序控制继电器作为步序标志写出图 8-2 所示的单序列顺序功能图，如图 8-5 所示，SCR 指令实现的梯形图程序如图 8-6 所示。

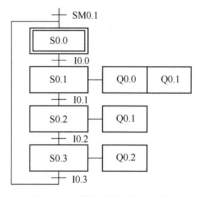

图 8-5　单序列顺序功能图

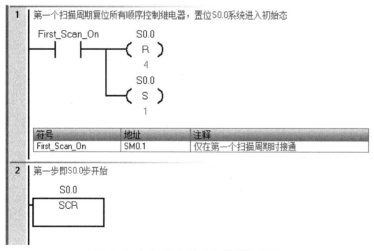

图 8-6　SCR 指令实现的梯形图程序

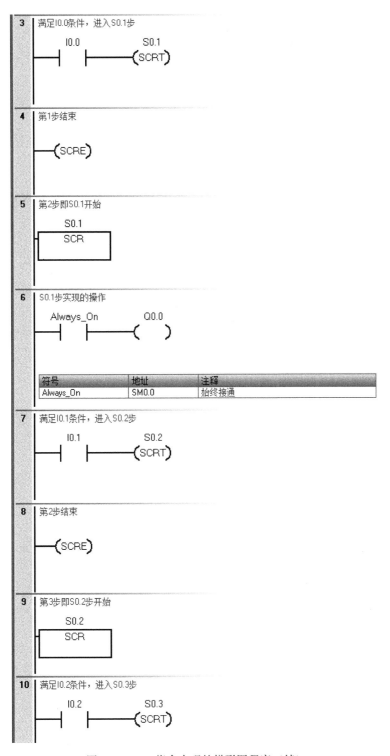

图 8-6 SCR 指令实现的梯形图程序（续）

| 符号 | 地址 | 注释 |
|---|---|---|
| Always_On | SM0.0 | 始终接通 |

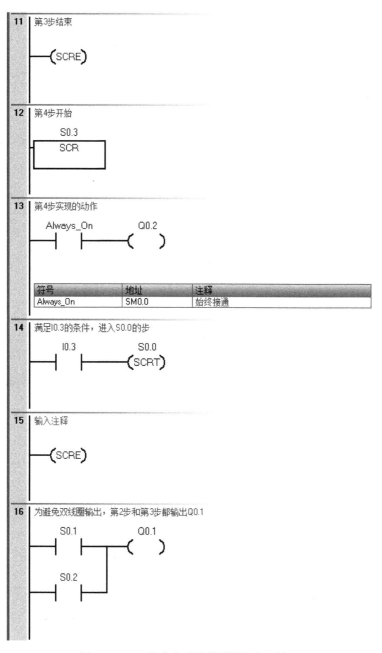

图 8-6 SCR 指令实现的梯形图程序（续）

## 经验技巧

顺序控制设计法是 PLC 程序设计的重要方法，其中绘制顺序功能图尤为重要。对于有些 PLC，顺序功能图即是一种编程语言。

# 项目 9　读写 S7-200 SMART 实时时钟

## 项目要求

读和写 S7-200 SMART 的实时时钟。

## 项目分析

本程序涉及关于实时时钟的两种特殊指令：读和写日期及时钟时间指令。为了进行这些操作，需要有如下结构的 8 字节缓冲区。

字节 0：年(00~99)　字节 4：分(00~59)

字节 1：月(1~12)　字节 5：秒(00~59)

字节 2：日(1~31)　字节 6：未分配

字节 3：时(00~24)　字节 7：星期(1~7＝星期天~星期六)

为了读或写方便，这些数据用 BCD 码存储。当操作开关 I0.0 为 1 时，就将预定日期和时间写入实时时钟。为了显示当前的秒值，将其值复制到输出字节 QB0。当 I0.1＝1 时，用 BCD 码显示；当 I0.1＝0 时，用二进制码显示。

## 项目示例

程序清单及注释如图 9-1 和图 9-2 所示。

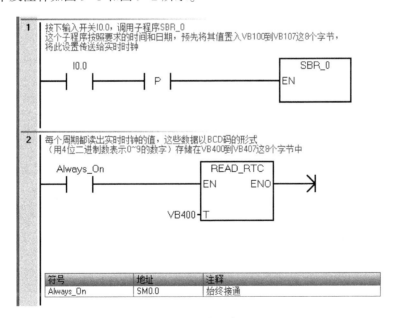

图 9-1　主程序

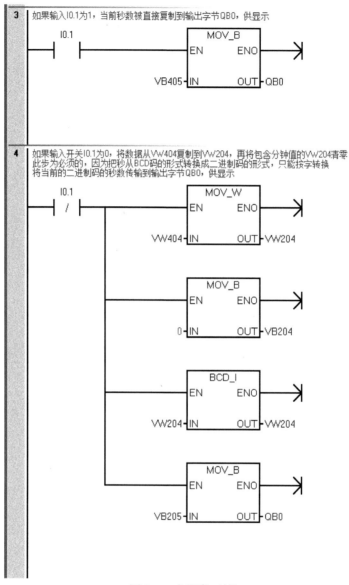

图 9-1　主程序（续）

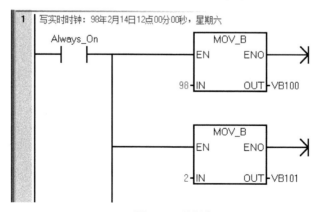

图 9-2　子程序 SBR_0

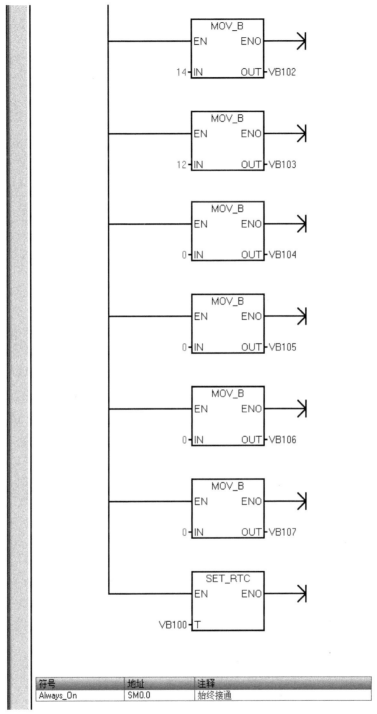

| 符号 | 地址 | 注释 |
|---|---|---|
| Always_On | SM0.0 | 始终接通 |

图 9-2 子程序 SBR_0（续）

## 经验技巧

正确理解 8 个字节缓冲区所对应的内容是使用 S7-200 SMART PLC 时钟的基础，同时需注意 BCD 码与二进制的关系与区别。

# 项目 10　模拟输入量的处理

## 项目要求

使用模拟量扩展模块 EM AE06。

## 项目分析

从模拟量输入 AIW16 中读取输入值，通过多次采样取平均值的办法来增加稳定度与精度。求取平均值时，用移位代替除法，同时，根据情况对结果进行处理。最终的平均值在 AQW16 中输出。

## 编程示例

程序清单及注释如图 10-1 所示。

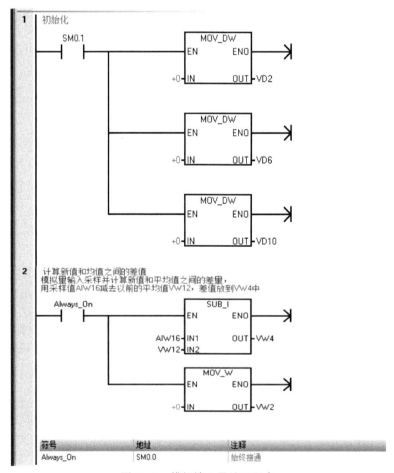

图 10-1　模拟输入量处理程序

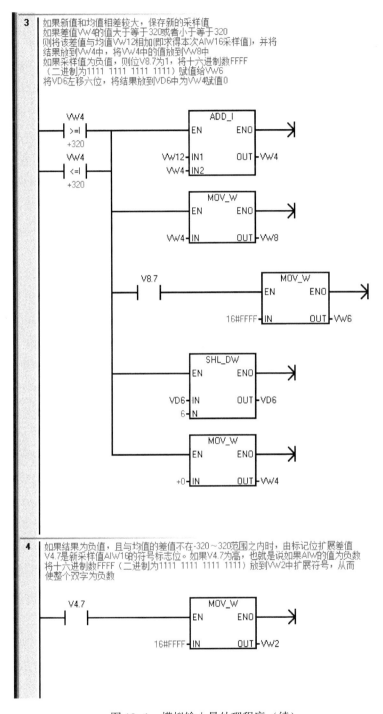

3  如果新值和均值相差较大，保存新的采样值
   如果差值VW4的值大于等于320或者小于等于320
   则将该差值与均值VW12相加(即求得本次AIW16采样值)，并将
   结果放到VW4中，将VW4中的值放到VW8中
   如果采样值为负值，则位V8.7为1，将十六进制数FFFF
   （二进制为1111 1111 1111 1111）赋值给VW6
   将VD6左移六位，将结果放到VD6中为VW4减值0

4  如果结果为负值，且与均值的差值不在-320～320范围之内时，由标记位扩展差值
   V4.7是新采样值AIW16的符号标志位。如果V4.7为高，也就是说如果AIW的值为负数
   将十六进制数FFFF（二进制为1111 1111 1111 1111）放到VW2中扩展符号，从而
   使整个双字为负数

图 10-1  模拟输入量处理程序（续）

29

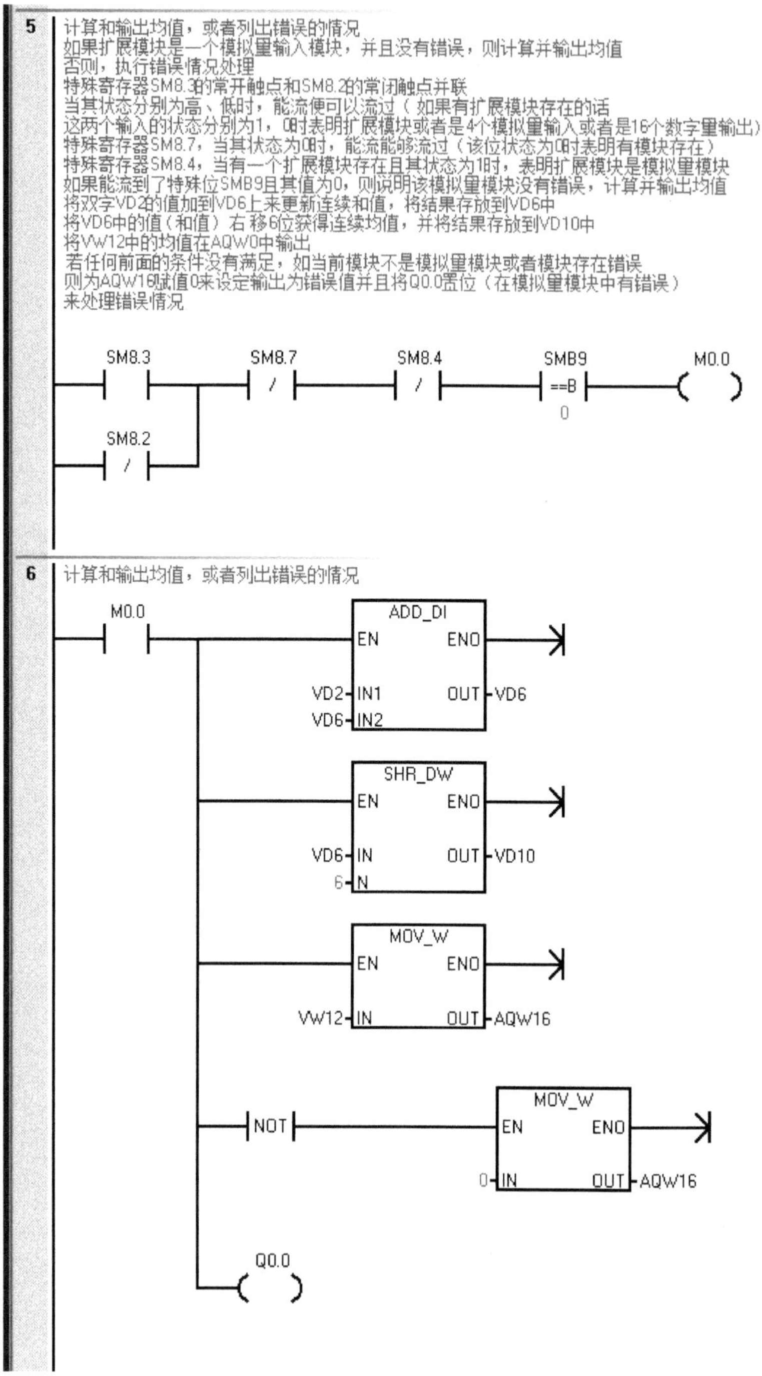

| 5 | 计算和输出均值，或者列出错误的情况 |
|---|---|

计算和输出均值，或者列出错误的情况
如果扩展模块是一个模拟量输入模块，并且没有错误，则计算并输出均值
否则，执行错误情况处理
特殊寄存器SM8.3的常开触点和SM8.2的常闭触点并联
当其状态分别为高、低时，能流便可以流过（如果有扩展模块存在的话）
这两个输入的状态分别为1，0时表明扩展模块或者是4个模拟量输入或者是16个数字量输出）
特殊寄存器SM8.7，当其状态为0时，能流能够流过（该位状态为0时表明有模块存在）
特殊寄存器SM8.4，当有一个扩展模块存在且其状态为1时，表明扩展模块是模拟量模块
如果能流到了特殊位SMB9且其值为0，则说明该模拟量模块没有错误，计算并输出均值
将双字VD2的值加到VD6上来更新连续和值，将结果存放到VD6中
将VD6中的值（和值）右移6位获得连续均值，并将结果存放到VD10中
将VW12中的均值在AQW0中输出
若任何前面的条件没有满足，如当前模块不是模拟量模块或者模块存在错误
则为AQW16赋值0来设定输出为错误值并且将Q0.0置位（在模拟量模块中有错误）
来处理错误情况

SM8.3 ——| |——  SM8.7 ——|/|——  SM8.4 ——| |——  SMB9 ——|==B|——  M0.0 ——( )
0

SM8.2 ——|/|——

| 6 | 计算和输出均值，或者列出错误的情况 |
|---|---|

M0.0 ——| |——

ADD_DI
EN      ENO
VD2 — IN1   OUT — VD6
VD6 — IN2

SHR_DW
EN      ENO
VD6 — IN   OUT — VD10
6 — N

MOV_W
EN      ENO
VW12 — IN   OUT — AQW16

——|NOT|——
MOV_W
EN      ENO
0 — IN   OUT — AQW16

Q0.0 ——( )

图 10-1  模拟输入量处理程序（续）

# 项目 11　模拟量的转换

## 项目要求

将采集的模拟量数值进行转换处理，得到对应的工程量。

## 项目分析

使用一个 0~20 mA 的模拟量信号输入，在 S7-200 SMART CPU 内部，0~20 mA 模拟电流信号对应的数值范围为 0~27648；对于 4~20 mA 的信号，对应的内部数值为 5530~27648。如果有两个传感器，量程都是 0~16 MPa，但是一个是 0~20 mA 输出，另一个是 4~20 mA 输出，则在相同的压力下，变送的模拟量电流大小是不同的，在 S7-200 SMART 内部的数值表示也不同。

读取模拟量的目的不是在 S7-200 SMART CPU 中得到一个 0~27648 之类的数值，而是希望得到具体的物理量数值（如压力值、流量值等）或对应的物理量占量程的百分比数值等。这就是模拟量转换的意义。

演示箱中有一个 Pt100 测温传感器，通过一个 500 Ω 的电阻将 4~20 mA 的电流转换为 2~10 V 的电压信号送到 PLC 的模拟量输入端，对应的温度范围为 0~100℃，则转换公式为

$$T = \frac{AIW16 - 5530}{27648 - 5530} \times (100 - 0) + 0$$

## 编程示例

图 11-1 所示为上述公式的实现程序及注释，即模拟输入量进行工程量转换的参考程序。

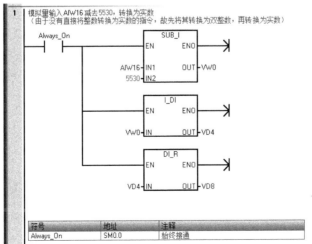

图 11-1　模拟量转换主程序

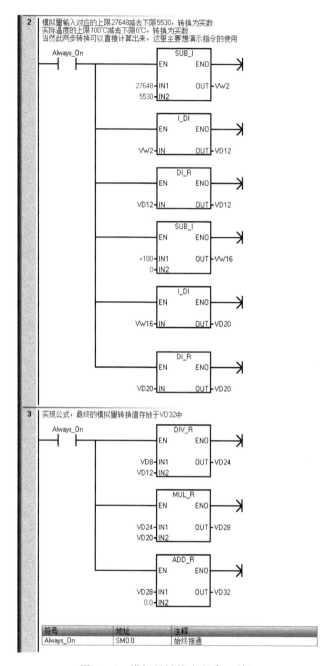

图 11-1　模拟量转换主程序（续）

## 经验技巧

进行 S7-200 SMART 的数据处理时，要正确运用转换指令和运算指令，需注意运算指令分为整数运算指令和实数运算指令，二者是不同的。

# 项目 12  建立库文件

## 项目要求

项目 11 的程序实现了模拟量的转换，实际工程中会有多个模拟量，可以建立一个通用子程序作为库文件在其他项目中进行调用。

## 项目分析

建立一个通用子程序，首先要定义通用子程序的形式参数，如图 12-1 所示，在 AI_SCALING 子程序的变量表中定义输入（IN）类型的形式变量 AI_IN、HI_LIMIT 和 LO_LIMIT，其含义如图 12-1 相应注释所示，定义输出（OUT）类型的形式变量 REL_VALUE。

| | 地址 | 符号 | 变量类型 | 数据类型 | 注释 |
|---|---|---|---|---|---|
| 1 | | EN | IN | BOOL | |
| 2 | LW0 | AI_IN | IN | INT | 模拟输入 |
| 3 | LD2 | HI_LIMIT | IN | REAL | 模拟输入对应的实际工程量的上限 |
| 4 | LD6 | LO_LIMIT | IN | REAL | 模拟输入对应的实际工程量的下限 |
| 5 | | | IN | | |
| 6 | | | IN_OUT | | |
| 7 | LD10 | REL_VALUE | OUT | REAL | 转换后的实际工程值 |
| 8 | | | OUT | | |
| 9 | | | TEMP | | |

图 12-1  定义形式参数

## 编程示例

定义好形式参数后，需要编写通用的子程序。注意，由于该子程序是"通用"的，所以尽量不要使用全局变量或全局地址，而应该使用局部变量和临时变量等。通用子程序的清单及注释如图 12-2 所示。

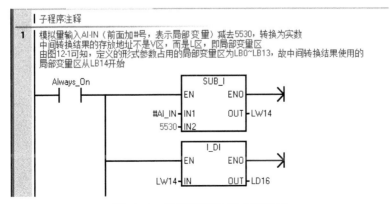

图 12-2  通用子程序 AI_SCALING

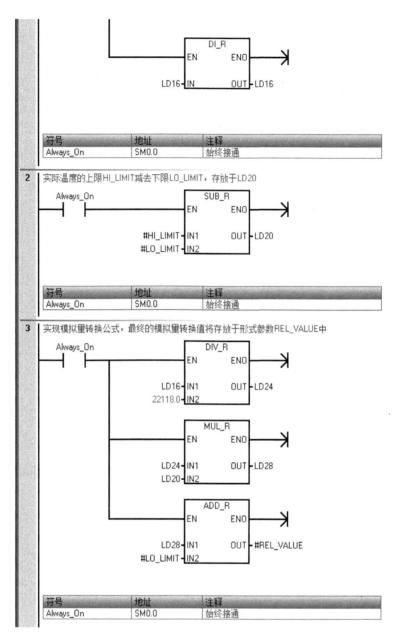

图 12-2 通用子程序 AI_SCALING (续)

　　最后，在主程序中调用通用子程序，并对形式参数赋值相应的实际参数，如图 12-3 所示，即实现了项目 11 同样的功能。

　　如果要将图 12-2 所示的通用子程序生成库文件，以便在其他的项目中调用，则首先在"指令树"的"库"对象单击鼠标右键，选择"创建库…"，出现图 12-4 所示对话框，选中左边方框中需要转换为库文件的程序块，本例为"AI_SCALING"，单击"添加>>"按钮，即将该程序块添加为一个库文件，如图 12-5 所示；单击"下一页"按钮，可以分别设置"保护"功能和"版本生成"等，如图 12-6 和图 12-7 所示，单击"创建"按钮即完成库文件的建立。

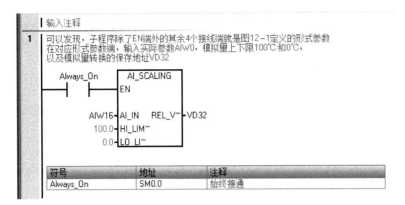

图 12-3　主程序中调用通用子程序

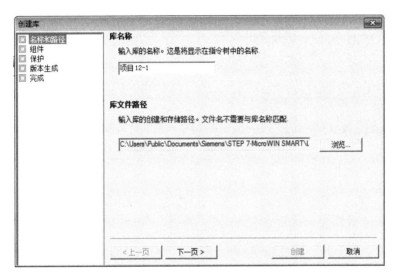

图 12-4　"创建库…" 对话框

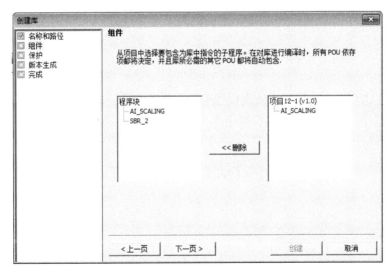

图 12-5　添加程序块

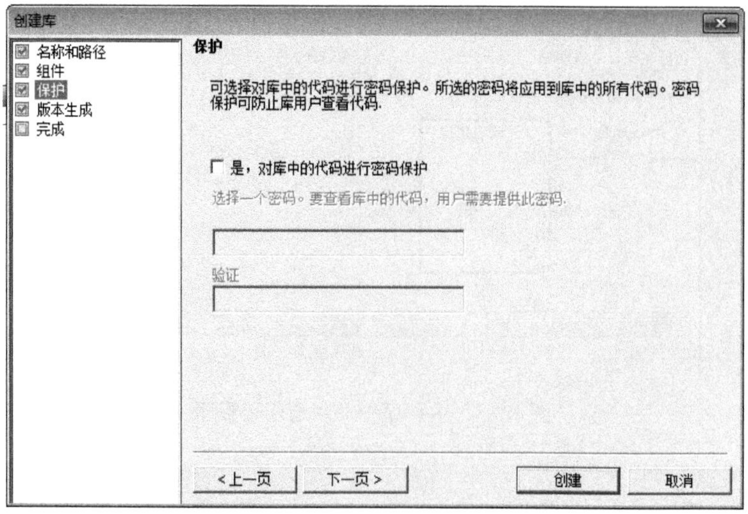

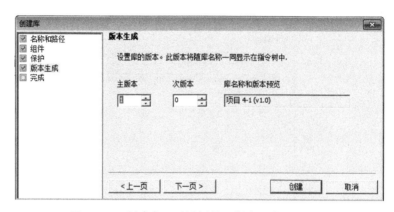

图 12-6 "创建库"对话框的"保护"选项卡

图 12-7 "创建库"对话框的"版本生成"选项卡

在新的项目中,在"指令树"的"库"对象下可以找到创建的库文件,编程时直接调用即可。

**经验技巧**

S7-200 SMART PLC 的模拟量处理已经有现成的库文件。另外,西门子公司还提供了大量的各种功能的库文件,按照上述步骤添加到 STEP 7 Micro/Win 软件中,使用库文件将会给编程带来很大的便利。

# 项目 13　使用 EM AT04 热电偶模块

## 项目要求

在热电偶（热电阻）模块没有错误的情况下从中读取模拟量输入值，并将其存放到固定的存储位中。若模块有错误，要求将错误信息保存，并进行一些存储和清空操作。

## 项目分析

EM AT04 热电偶模块为 S7-200 SMART 的扩展模块。EM AT04 热电偶模块和 EM AR02、EM AR04 热电阻模块在程序处理上是类似的，故本例以 EM AT04 热电偶为主进行介绍。

## 编程示例

程序清单及注释如图 13-1 和图 13-2 所示。

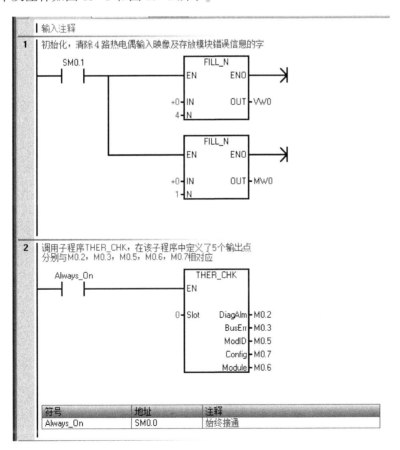

图 13-1　主程序

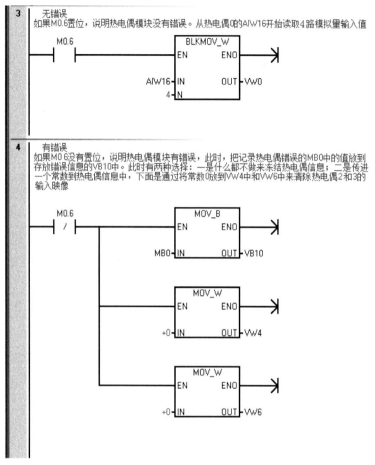

图 13-1  主程序（续）

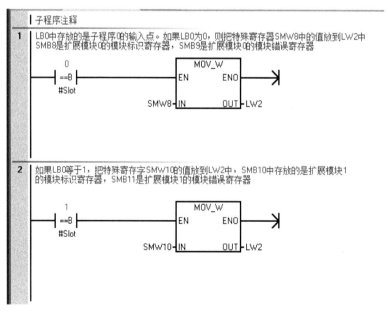

图 13-2  子程序 THER_CHK

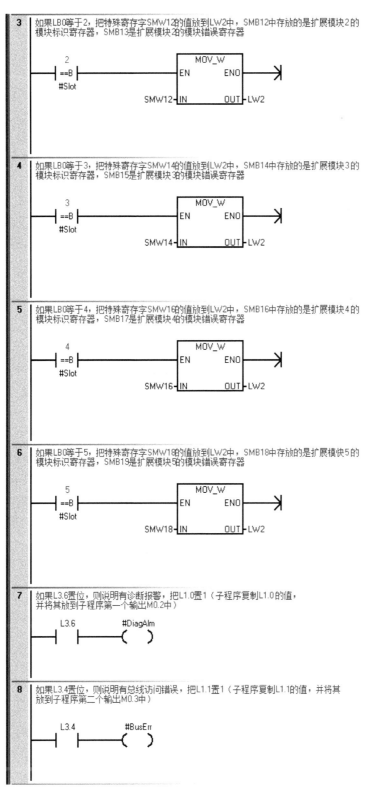

**3** 如果LB0等于2，把特殊寄存字SMW12的值放到LW2中，SMB12中存放的是扩展模块2的
模块标识寄存器，SMB13是扩展模块2的模块错误寄存器

```
      2
    ==B              MOV_W
    #Slot        EN      ENO

          SMW12 IN      OUT LW2
```

**4** 如果LB0等于3，把特殊寄存字SMW14的值放到LW2中，SMB14中存放的是扩展模块3的
模块标识寄存器，SMB15是扩展模块3的模块错误寄存器

```
      3
    ==B              MOV_W
    #Slot        EN      ENO

          SMW14 IN      OUT LW2
```

**5** 如果LB0等于4，把特殊寄存字SMW16的值放到LW2中，SMB16中存放的是扩展模块4的
模块标识寄存器，SMB17是扩展模块4的模块错误寄存器

```
      4
    ==B              MOV_W
    #Slot        EN      ENO

          SMW16 IN      OUT LW2
```

**6** 如果LB0等于5，把特殊寄存字SMW18的值放到LW2中，SMB18中存放的是扩展模块5的
模块标识寄存器，SMB19是扩展模块5的模块错误寄存器

```
      5
    ==B              MOV_W
    #Slot        EN      ENO

          SMW18 IN      OUT LW2
```

**7** 如果L3.6置位，则说明有诊断报警，把L1.0置1（子程序复制L1.0的值，
并将其放到子程序第一个输出M0.2中）

```
    L3.6          #DiagAlm
    ─┤ ├──────────( )
```

**8** 如果L3.4置位，则说明有总线访问错误，把L1.1置1（子程序复制L1.1的值，并将其
放到子程序第二个输出M0.3中）

```
    L3.4          #BusErr
    ─┤ ├──────────( )
```

图 13-2　子程序 THER_CHK（续）

| 9 | LB2与十六进制数18进行比较（十六进制数18相当于二进制数00011000）。从右至左，这个二进制数与当前扩展模块7~0的标记相符。这些位提供了如下信息：<br>位7=0：说明有模块<br>位6和5=00：模块是非智能I/O模块<br>位4=1：模块是一个模拟量模块<br>位3和2=10：模块有4路模拟量输入<br>位1和0=00：模块没有输出<br>如果LB2和十六进制数18不相等，说明有模块识别错误。将L1.2置1（子程序复制L1.2的值，将其放到子程序第三个输出M0.5中） |
|---|---|

```
        LB2           #ModID
       ──┤<>B├──────────( )
        16#18
```

| 10 | 如果L3.7置位，说明有组态错误，将L1.3置位（子程序复制L1.3的值放到子程序的第4个输出M0.7中） |
|---|---|

```
        L3.7          #Config
       ──┤ ├────────────( )
```

| 11 | 如果没有以上提到的错误，置位L1.4，子程序复制L1.4的值，将其放到子程序的第5个输出的M0.6中 |
|---|---|

```
   #DiagAlm      #BusErr       #ModID       #Config      #Module
   ──┤/├──────────┤/├───────────┤/├──────────┤/├──────────( )
```

图13-2 子程序 THER_CHK（续）

## 经验技巧

特殊存储器SMB8~SMB19以字节对的形式用于S7-200 SMART PLC的扩展模块0~5。每对字节的偶数字节是模块标识寄存器，标识模块类型、I/O类型以及输入和输出点数；奇数字节是模块错误寄存器，提供在该模块I/O中检测到的任何错误。特殊存储器字SMW100~SMW114为CPU、SB（信号板）和EM（扩展模块）提供报警和诊断错误代码。具体细节可查看参考文献［2］。

# 项目 14　处理定时中断

## 项目要求

产生一个闪烁的频率。当输入 I0.1 的开关接通时,闪烁频率减半;当输入 I0.0 的开关接通时,又恢复成原有的闪烁频率。

## 项目分析

本项目介绍了由定时中断引起的一般性处理方法以及改变其时间基准的方法。

特殊存储器字节 SMB34 指定定时中断 0 的时间基准,由此产生的定时中断称为中断事件 10。

特殊存储器字节 SMB35 指定定时中断 1 的时间基准,由此产生的定时中断称为中断事件 11。

这两种定时中断的时间基准的设定值只能以 1 ms(毫秒)为单位增加,允许最小值是 1 ms,最大值是 255 ms。

## 编程示例

程序清单及注释如图 14-1~图 14-3 所示。

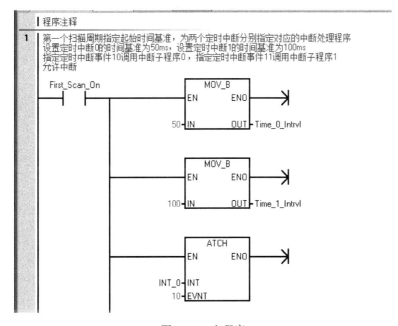

图 14-1　主程序

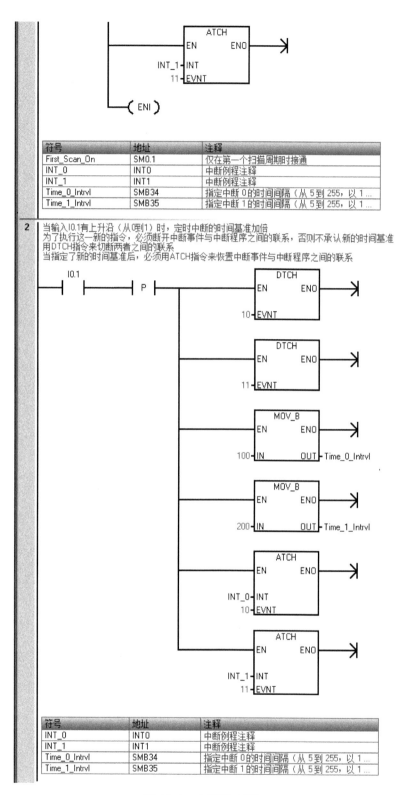

| 符号 | 地址 | 注释 |
|---|---|---|
| First_Scan_On | SM0.1 | 仅在第一个扫描周期时接通 |
| INT_0 | INT0 | 中断例程注释 |
| INT_1 | INT1 | 中断例程注释 |
| Time_0_Intrvl | SMB34 | 指定中断 0 的时间间隔（从 5 到 255，以 1 ... |
| Time_1_Intrvl | SMB35 | 指定中断 1 的时间间隔（从 5 到 255，以 1 ... |

2 当输入I0.1有上升沿（从0到1）时，定时中断的时间基准加倍
为了执行这一新的指令，必须断开中断事件与中断程序之间的联系，否则不承认新的时间基准
用DTCH指令来切断两者之间的联系
当指定了新的时间基准后，必须用ATCH指令来恢置中断事件与中断程序之间的联系

| 符号 | 地址 | 注释 |
|---|---|---|
| INT_0 | INT0 | 中断例程注释 |
| INT_1 | INT1 | 中断例程注释 |
| Time_0_Intrvl | SMB34 | 指定中断 0 的时间间隔（从 5 到 255，以 1 ... |
| Time_1_Intrvl | SMB35 | 指定中断 1 的时间间隔（从 5 到 255，以 1 ... |

图 14-1　主程序（续）

42

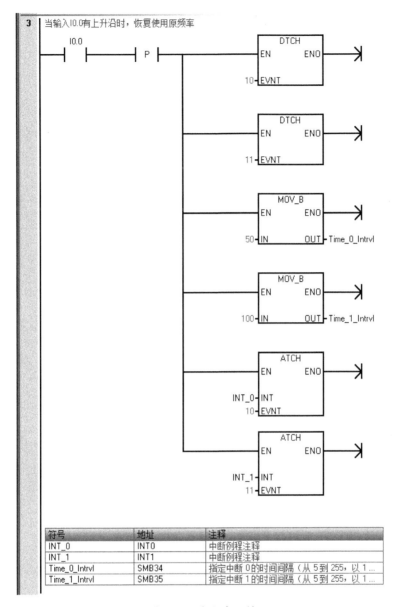

| 符号 | 地址 | 注释 |
|---|---|---|
| INT_0 | INT0 | 中断例程注释 |
| INT_1 | INT1 | 中断例程注释 |
| Time_0_Intrvl | SMB34 | 指定中断 0 的时间间隔（从 5 到 255，以 1… |
| Time_1_Intrvl | SMB35 | 指定中断 1 的时间间隔（从 5 到 255，以 1… |

图 14-1　主程序（续）

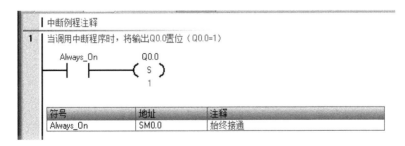

| 符号 | 地址 | 注释 |
|---|---|---|
| Always_On | SM0.0 | 始终接通 |

图 14-2　中断子程序 INT_0

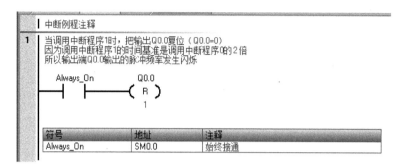

图 14-3　中断子程序 INT_1

## 经验技巧

设计中断程序应遵循"越短越好"的原则。

# 项目 15　处理 I/O 中断

## 项目要求

使用 I/O 中断。根据 I0.0 的状态进行计数，如果输入 I0.0 置为 1，则程序减计数；如果输入 I0.0 置为 0，则程序加计数。输入 I0.0 的状态改变，则将立即激活输入/输出中断程序，中断程序 0 或 1 分别将存储器位 M0.0 置成 1 或 0 以控制减计数或加计数。

## 项目分析

S7-200 SMART PLC 中可以使用输入点 I0.0~I0.3 或者带有可选数字量输入信号板的标准 CPU 输入通道 I7.0 和 I7.1 的上升沿和下降沿产生中断。

## 编程示例

程序清单及注释如图 15-1~图 15-3 所示。

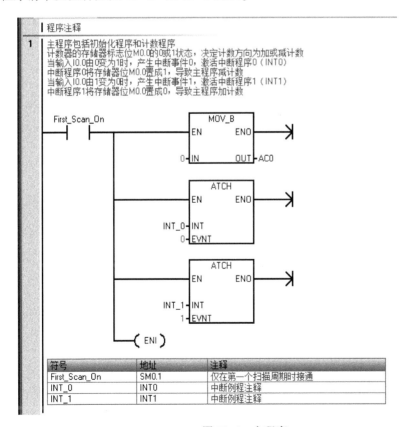

图 15-1　主程序

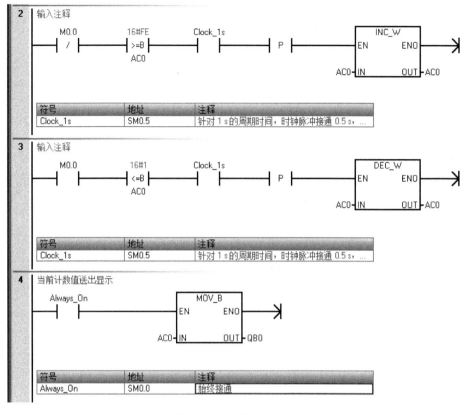

图 15-1  主程序（续）

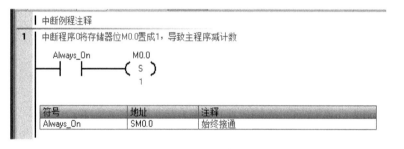

图 15-2  中断子程序 INT_0

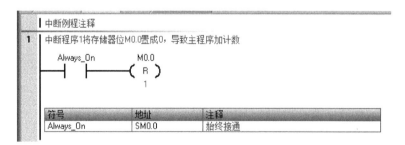

图 15-3  中断子程序 INT_1

# 项目16  使用高速脉冲输出

## 项目要求

通过 S7-200 SMART 的输出口实现脉冲序列输出斜坡。

## 项目分析

每个 S7-200 SMART CPU 有两个 PTO/PWM（脉冲列/脉冲宽度调制器）发生器，分别通过三个数字量输出 Q0.0、Q0.1 和 Q0.3 输出特定数目的脉冲或周期的方波（SR20/ST20有两个通道：Q0.0 和 Q0.1，SR30/ST30、SR40/ST40 以及 SR60/ST60 有三个通道：Q0.0、Q0.1 和 Q0.3），即产生高速脉冲列或脉冲宽度可调的波形。

对于电动机来说，当给定信号使其速度发生突变时容易损坏电动机。通过 PTO 斜坡，减缓速度变化，可以避免或降低电动机出现故障的情况。

每个 PTO/PWM 生成器有一个 8 位的控制字节，一个 16 位无符号的周期值或脉冲宽度值，以及一个无符号 32 位脉冲计数值。这些值全部存储在制定的特殊存储器（SM）区，它们被设置好后，通过执行脉冲输出指令 PLS 来启动操作。PLS 指令使 S7-200 SMART 读取SM 区，并对 PTO/PWM 发生器进行编程。

## 编程示例

本项目程序包括数据块 DB1（用于设定斜坡轮廓表）和主程序等，如图 16-1 和图 16-2所示。

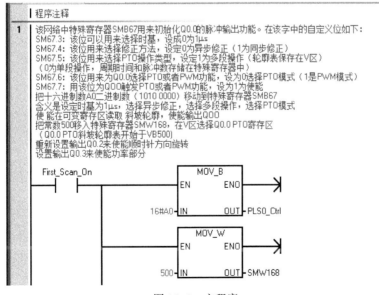

图 16-1  主程序

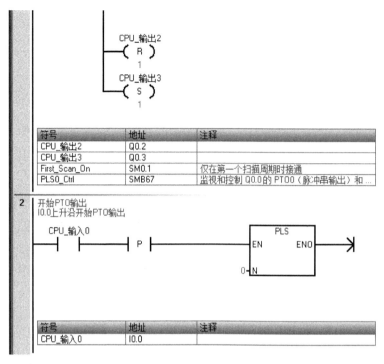

| 符号 | 地址 | 注释 |
|------|------|------|
| CPU_输出2 | Q0.2 | |
| CPU_输出3 | Q0.3 | |
| First_Scan_On | SM0.1 | 仅在第一个扫描周期时接通 |
| PLS0_Ctrl | SMB67 | 监视和控制Q0.0的PTO0（脉冲串输出）和… |

| 符号 | 地址 | 注释 |
|------|------|------|
| CPU_输入0 | I0.0 | |

图 16-1　主程序（续）

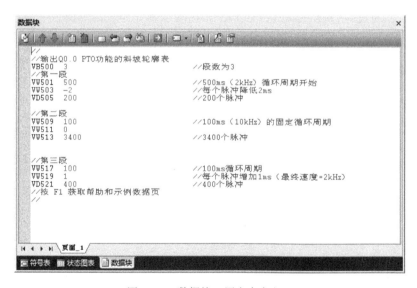

图 16-2　数据块：用户自定义 1

### 经验技巧

每个 CPU 可以通过 Q0.0、Q0.1 和 Q0.3 输出高速脉冲，当不使用 PTO/PWM 时，Q0.0、Q0.1 和 Q0.3 作为普通数字量输出使用。建议在启动 PTO 或 PWM 操作之前，用 R 指令将 Q0.0 或 Q0.1 或 Q0.3 的映像寄存器置为 0。

# 项目 17   利用高速脉冲输出控制灯泡亮度

## 项目要求

通过外部输入 I0.0 切换输出端 Q0.0 方波信号的脉冲宽度，从而调整灯泡的亮度。

## 项目分析

每个 S7-200 SMART CPU 有两个 PTO/PWM（脉冲列/脉冲宽度调制器）发生器，分别通过三个数字量输出 Q0.0、Q0.1 和 Q0.3 输出特定数目的脉冲或周期的方波（SR20/ST20 有两个通道：Q0.0 和 Q0.1，SR30/ST30、SR40/ST40 以及 SR60/ST60 有三个通道：Q0.0、Q0.1 和 Q0.3），即产生高速脉冲列或脉冲宽度可调的波形。项目 16 给出了输出高速脉冲列的应用，本项目则为根据外部输入 I0.0 的状态来输出脉冲宽度可调的矩形波信号。

脉宽和脉冲周期的比率大致决定了灯泡的亮度（相对于最大亮度）。例如，假设脉冲周期为 25 ms，脉宽为 10 ms，则可以得出：10/25（脉宽/周期）= 40%（电压时间比）= 40% 最大亮度。

本项目假定 I0.0 为 1 时，赋值脉宽为 10 ms，I0.0 为 0 时，脉宽为 20 ms。

本项目的流程图如图 17-1 所示。

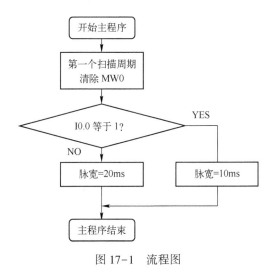

图 17-1   流程图

## 编程示例

根据工艺要求和流程图编写的程序及注释如图 17-2 所示。

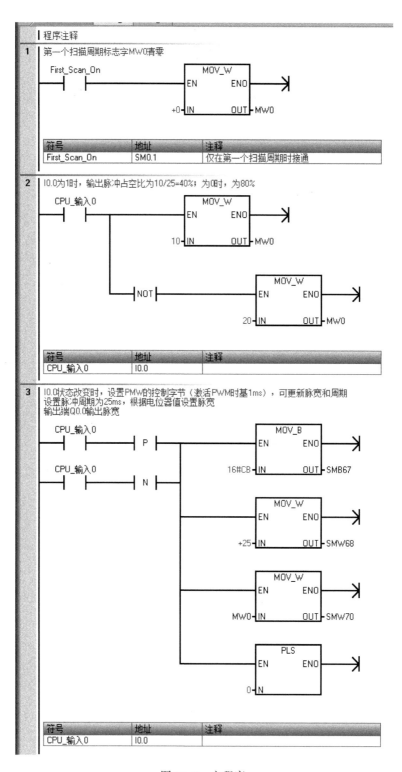

图 17-2 主程序

50

# 项目 18  处理脉宽调制（PWM）

## 项目要求

Q0.0 输出方波信号，脉宽初始值为 0.5 s，每周期递增 0.5 s，周期固定为 5 s，当脉宽达到设定的最大值 4.5 s 时，脉宽改为每周期递减 0.5 s，直到脉宽为 0，重复以上过程。

## 项目分析

PWM 功能提供可变占空比的脉冲输出，时间基准为 μs 或 ms，周期的变化范围为 10~65535 μs 或 2~65535 ms，脉冲宽度的变化范围为 0~65535 μs 或 0~65535 ms。

特殊存储字节 SMB67 用来初始化 Q0.0 的 PWM，该控制字节包含 PWM 允许位，修改周期和脉宽的允许位，以及时间基数选择位等，本例由子程序 0 来调整这个控制字节。通过 ENI 指令，全局允许所有的中断，然后通过 PLS 指令，使系统接收各设定值，并初始化"PTO/PWM 发生器"，从而在输出端 Q0.0 输出 PWM 信号。

本项目中，周期 5 s 是通过将数值 5000 置入特殊存储字 SMW68 来实现的，初始脉宽 0.5 s 则通过将 500 写入特殊存储字 SMW70 来实现的。该初始化过程在程序的第一个扫描周期通过子程序 0 来实现。当一个 PWM 循环结束，即当前脉宽为 0 s 时，将重新初始化 PWM。

位存储器 M0.0 用来表明脉宽是增加还是减少，初始化时将这个标记设为增加。输出端 Q0.0 与输入端 I0.0 相连，这样输出信号就送到输入端 I0.0。当第一个方波脉冲输出时，利用 ATCH 指令，把中断程序 1（INT1）赋给中断事件 0（I0.0 的上升沿）。每个周期中断程序 1 将当前脉宽增加 0.5 s，然后利用 DTCH 指令分离中断 INT1，使这个中断再次被屏蔽，如果在下次增加时，脉宽大于或等于周期减脉宽初始值，则将辅助内存标记位 M0.0 再次置 0。这样就把中断程序 2 赋予事件 0，并且脉宽也将每次递减 0.5 s。当脉宽值减为 0 时，将再次执行初始化程序（子程序 0）。

本项目程序流程图如图 18-1 所示。

## 编程示例

根据工艺要求和流程图编写的程序及注释如图 18-2~图 18-5 所示。

## 经验技巧

可以使用两种方法改变 PWM 波形的特性。

（1）同步更新

同步更新用于不要求改变时间基准的场合。同步更新时，波形特性的变化发生在两个周期的交界处，可以实现平滑过渡。

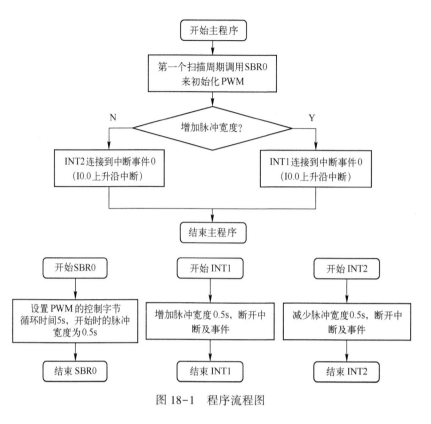

图 18-1　程序流程图

（2）异步更新

异步更新用于需要改变 PTO/PWM 时间基准的场合。异步更新瞬时关闭 PTO/PWM，与 PWM 的输出波形不同步，可能引起被控设备抖动。

建议选择一个合适的时间基准，采用同步 PWM 更新。

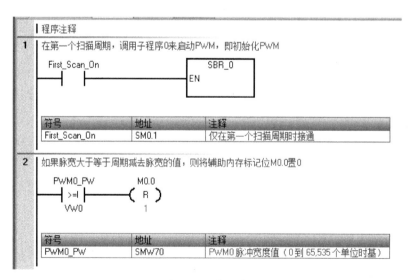

图 18-2　主程序

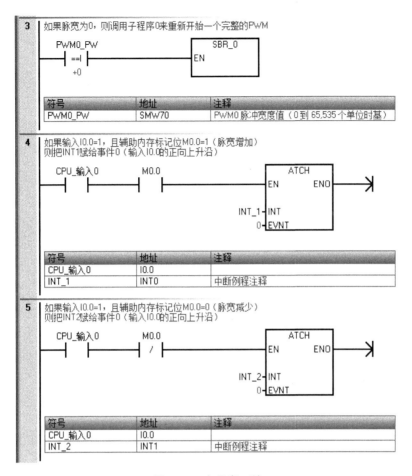

图 18-2　主程序（续）

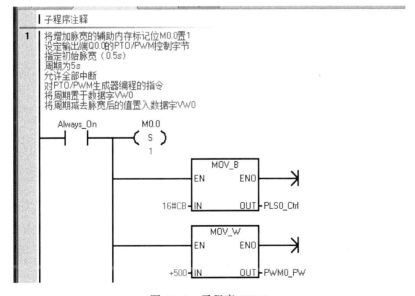

图 18-3　子程序 SBR_0

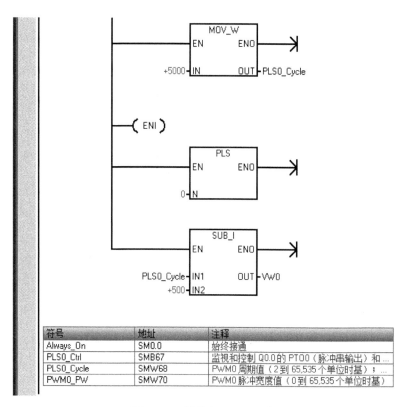

| 符号 | 地址 | 注释 |
|---|---|---|
| Always_On | SM0.0 | 始终接通 |
| PLS0_Ctrl | SMB67 | 监视和控制 Q0.0的 PTO0（脉冲串输出）和 … |
| PLS0_Cycle | SMW68 | PWM0 周期值（2到 65,535个单位时基）； … |
| PWM0_PW | SMW70 | PWM0 脉冲宽度值（0到 65,535个单位时基） |

图 18-3　子程序 SBR_0（续）

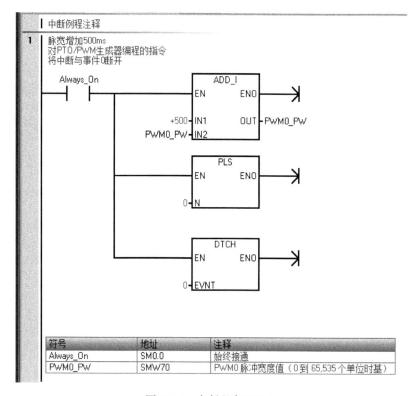

| 符号 | 地址 | 注释 |
|---|---|---|
| Always_On | SM0.0 | 始终接通 |
| PWM0_PW | SMW70 | PWM0 脉冲宽度值（0到 65,535个单位时基） |

图 18-4　中断程序 INT_1

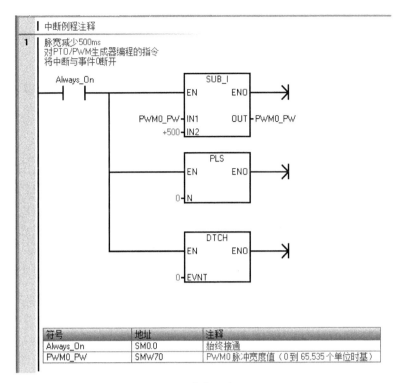

| 符号 | 地址 | 注释 |
|---|---|---|
| Always_On | SM0.0 | 始终接通 |
| PWM0_PW | SMW70 | PWM0脉冲宽度值（0到65,535个单位时基） |

图 18-5　中断程序 INT_2

# 项目 19　使用脉冲输出触发步进电动机驱动器

## 项目要求

用 Q0.0 的输出脉冲触发步进电动机驱动器。当输入端 I1.0 发出 "START" 信号后，控制器将输出固定数目的方波脉冲，使步进电动机按对应的步数转动。当输入端 I1.1 发出 "STOP" 信号后，步进电动机停止转动。输入端 I1.5 的方向开关用来决定电动机的转动方向为正转或反转。

## 项目分析

本项目程序流程图如图 19-1 所示。

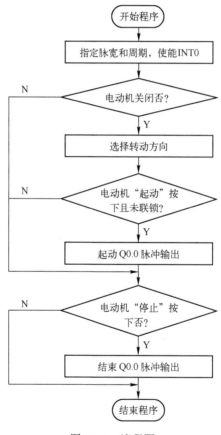

图 19-1　流程图

## 编程示例

根据工艺要求和流程图编写的程序及注释如图 19-2 和图 19-3 所示。

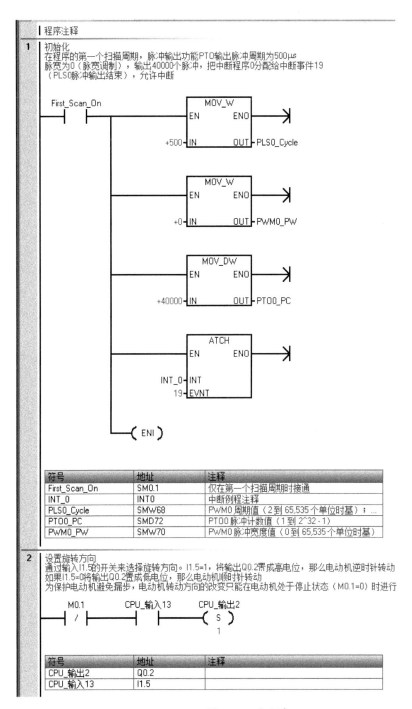

图 19-2 主程序

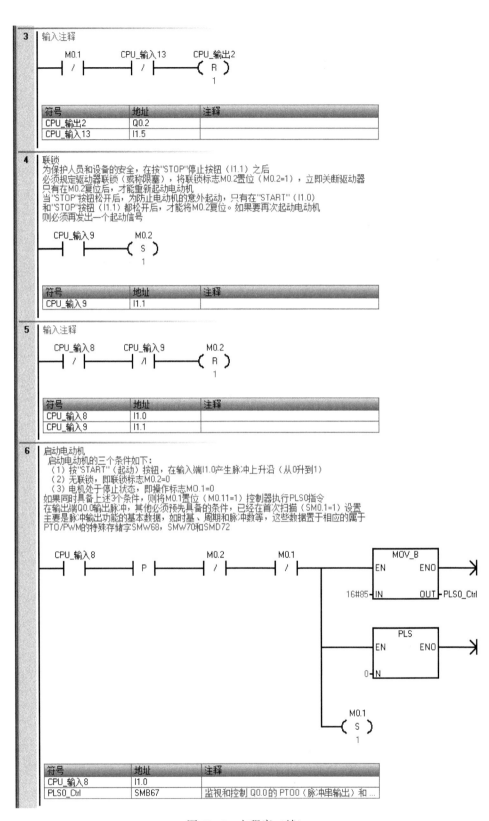

**3** 输入注释

| 符号 | 地址 | 注释 |
|---|---|---|
| CPU_输出2 | Q0.2 | |
| CPU_输入13 | I1.5 | |

**4** 联锁
为保护人员和设备的安全，在按"STOP"停止按钮（I1.1）之后
必须规定驱动器联锁（或称闭塞），将联锁标志M0.2置位（M0.2=1），立即关断驱动器
只有在M0.2复位后，才能重新起动电动机。
当"STOP"按钮松开后，为防止电动机的意外起动，只有在"START"（I1.0）
和"STOP"按钮（I1.1）都松开后，才能将M0.2复位。如果要再次起动电动机
则必须再发出一个起动信号

| 符号 | 地址 | 注释 |
|---|---|---|
| CPU_输入9 | I1.1 | |

**5** 输入注释

| 符号 | 地址 | 注释 |
|---|---|---|
| CPU_输入8 | I1.0 | |
| CPU_输入9 | I1.1 | |

**6** 启动电动机
启动电动机的三个条件如下：
（1）按"START"（起动）按钮，在输入端I1.0产生脉冲上升沿（从0升到1）
（2）无联锁，即联锁标志M0.2=0
（3）电机处于停止状态，即操作标志M0.1=0
如果同时具备上述3个条件，则将M0.1置位（M0.11=1）控制器执行PLS0指令
在输出端Q0.0输出脉冲，其他必须预先具备的条件，已经在首次扫描（SM0.1=1）设置
主要是脉冲输出功能的基本数据，如基、周期和脉冲数等，这些数据置于相应的属于
PTO/PWM的特殊存储字SMW68，SMW70和SMD72

| 符号 | 地址 | 注释 |
|---|---|---|
| CPU_输入8 | I1.0 | |
| PLS0_Ctrl | SMB67 | 监视和控制 Q0.0的PTO0（脉冲串输出）和… |

图 19-2   主程序（续）

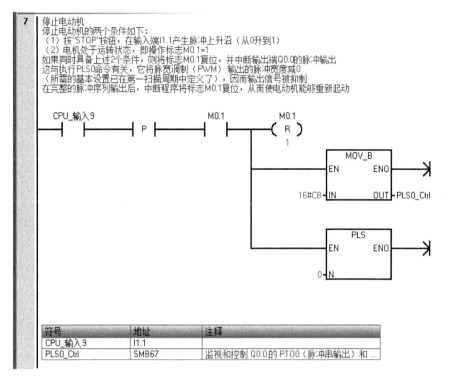

7　停止电动机
　停止电动机的两个条件如下:
　(1) 按"STOP"按钮, 在输入端I1.1产生脉冲上升沿 (从0升到1)
　(2) 电机处于运转状态, 即操作标志M0.1=1
　如果同时具备上述2个条件, 则将标志M0.1复位, 并中断输出端Q0.0的脉冲输出
　这与执行PLS0命令有关, 它将脉宽调制 (PWM) 输出的脉冲宽度减0
　(所需的基本设置已在第一扫描周期中定义了), 因而输出信号被抑制
　在完整的脉冲序列输出后, 中断程序将标志M0.1复位, 从而使电动机能够重新起动

| 符号 | 地址 | 注释 |
|------|------|------|
| CPU_输入9 | I1.1 | |
| PLS0_Ctrl | SMB67 | 监视和控制 Q0.0的 PT00 (脉冲串输出) 和 ... |

图 19-2　主程序 (续)

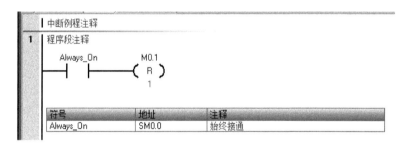

| 符号 | 地址 | 注释 |
|------|------|------|
| Always_On | SM0.0 | 始终接通 |

图 19-3　中断子程序 INT_0

# 项目 20　使用高速计数器

## 项目要求

使用 S7-200 SMART 的高速计数器（HSC）。

## 项目分析

S7-200 SMART 的高速计数器（HSC）用来累计比 PLC 扫描频率高得多的脉冲输入，利用产生的中断事件完成设定的操作。其计数速度比 PLC 扫描时间快得多，可以用于普通计数器频率达不到的场合。对来自传感器（如编码器）信号的处理，高速计数器可采用多种不同的组态功能。

本项目介绍了 S7-200 SMART 的高速计数器（HSC）的一种组态功能，关于高速计数器的详细知识请参考文献 [2]。本项目用脉冲输出（PLS）为 HSC 产生高速计数信号，即使用 HSC 和脉冲输出构成一个简单的反馈回路。

## 编程示例

程序清单及注释如图 20-1~图 20-6 所示。

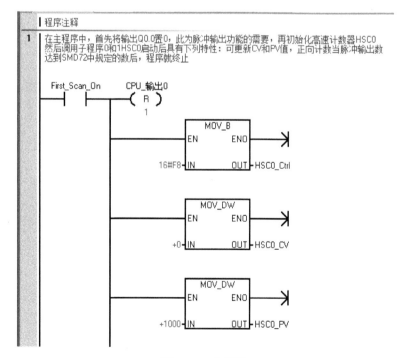

图 20-1　主程序

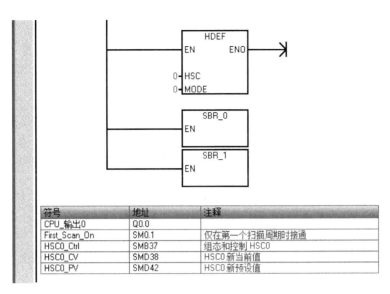

| 符号 | 地址 | 注释 |
|------|------|------|
| CPU_输出0 | Q0.0 | |
| First_Scan_On | SM0.1 | 仅在第一个扫描周期时接通 |
| HSC0_Ctrl | SMB37 | 组态和控制 HSC0 |
| HSC0_CV | SMD38 | HSC0 新当前值 |
| HSC0_PV | SMD42 | HSC0 新预设值 |

图 20-1　主程序（续）

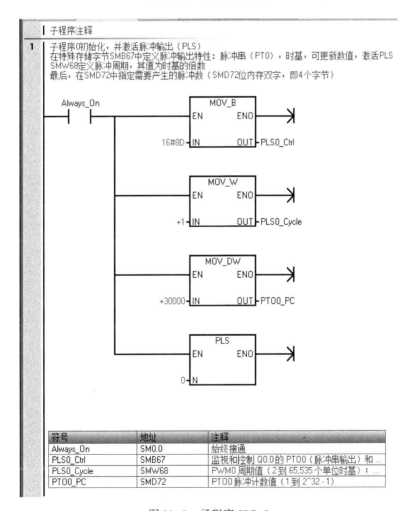

| 符号 | 地址 | 注释 |
|------|------|------|
| Always_On | SM0.0 | 始终接通 |
| PLS0_Ctrl | SMB67 | 监视和控制 Q0.0 的 PTO0（脉冲串输出）和… |
| PLS0_Cycle | SMW68 | PWM0 周期值（2 到 65,535 个单位时基）；… |
| PTO0_PC | SMD72 | PTO0 脉冲计数值（1 到 2^32 - 1） |

图 20-2　子程序 SBR_0

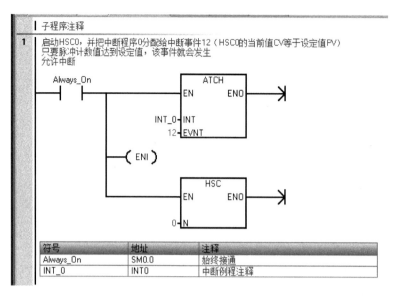

图 20-3　子程序 SBR_1

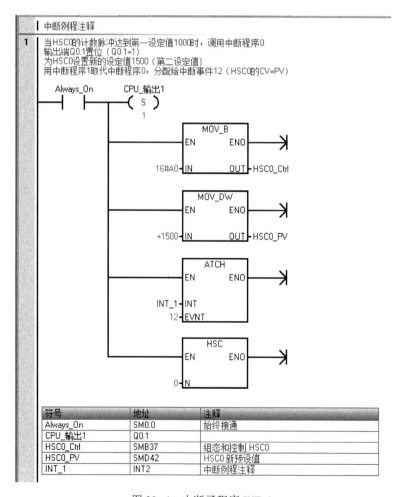

图 20-4　中断子程序 INT_0

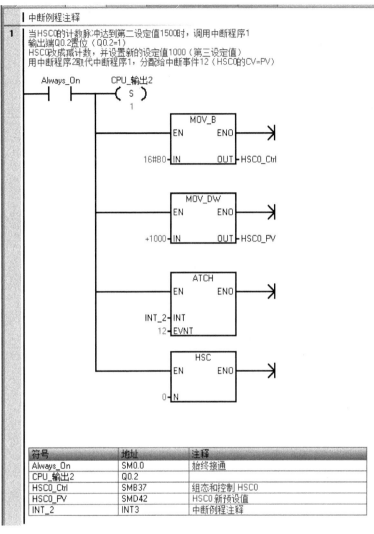

| 符号 | 地址 | 注释 |
|---|---|---|
| Always_On | SM0.0 | 始终接通 |
| CPU_输出2 | Q0.2 | |
| HSC0_Ctrl | SMB37 | 组态和控制 HSC0 |
| HSC0_PV | SMD42 | HSC0 新预设值 |
| INT_2 | INT3 | 中断例程注释 |

图 20-5　中断子程序 INT_1

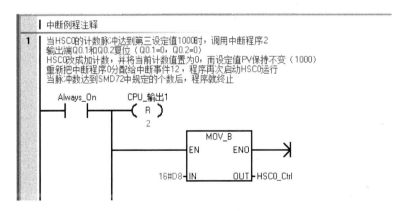

图 20-6　中断子程序 INT_2

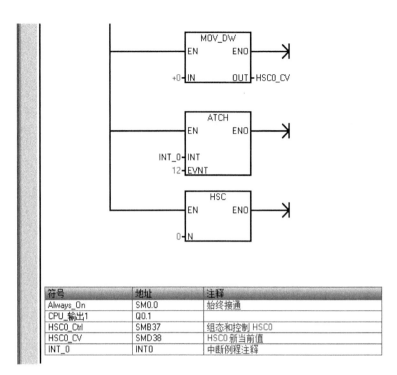

| 符号 | 地址 | 注释 |
|---|---|---|
| Always_On | SM0.0 | 始终接通 |
| CPU_输出1 | Q0.1 | |
| HSC0_Ctrl | SMB37 | 组态和控制 HSC0 |
| HSC0_CV | SMD38 | HSC0 新当前值 |
| INT_0 | INT0 | 中断例程注释 |

图 20-6  中断子程序 INT_2（续）

## 经验技巧

S7-200 SMART PLC 有 4 个高速计数器，最多可以设置多达 8 种不同的操作模式，要注意理解不同操作模式的适用场合，根据实际情况选用设置。

# 项目 21 使用高速计数器累计模拟量/频率转换器（A/F）的脉冲来模拟电压值

## 项目要求

利用 S7-200 SMART 的高速计数器 HSC 及模拟量/频率转换器来计算模拟电压。

## 项目分析

模拟量/频率转换器将输入电压（0~10 V）转换为矩形脉冲信号（0~2000 Hz），再将此信号送入 S7-200 SMART 高速计数器的输入端并累计脉冲数。当预置的间隔时间到后，通过累计脉冲数，计算出被测模拟电压值。

本项目需要的 1 台电压/频率转换器参数如下：

| | |
|---|---|
| 供电电压 | DC 24 V |
| 输入 | DC 0~10 V |
| 输出 | 方波，GND~24 V |
| 测量范围 | 0~10 V　0~2000 Hz |
| 比率 | 200 Hz/V（线性） |

## 编程示例

本项目包括主程序和子程序 SBR_0 及中断子程序 INT_0，即主程序在第一个扫描周期调用子程序 SBR_0，SBR_0 实现高速计数器和定时中断的初始化，INT_0 为对高速计数器求值的定时中断程序。程序清单及注释如图 21-1~图 21-3 所示。

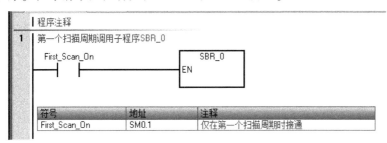

图 21-1　主程序

```
子程序注释
1  实现初始化
   把高速计数器HSC1的控制字节SMB47置为十六进制数"FC"，含义是：
   正方向计数，可更新预置值（PV），可更新当前值（CV）
   激活HSC1用指令"HDEF"把高速计数器HSC1置成工作模式0，即没有复位或起始输入，也
   没有外部的方向选择，当前值SMD48置为0，预置值SMD52置为FFFF（十六进制）
   定时中断0间隔时间SMB34置为100ms；中断程序分配给定时中断0（中断事件10），并
   允许中断，用指令HSC1启动高速计数器
```

图 21-2　子程序 SBR_0

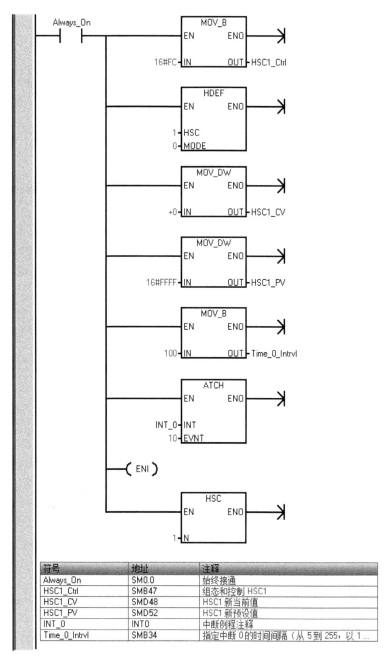

图 21-2 子程序 SBR_0 (续)

由图 21-1~图 21-3 可以看出：每 100 ms 调用一次中断程序 0，读出高速计数器的数值后将其置零。通过 HSC1 计数值及变换关系 (0~2 kHz 对应于 0~10 V) 来求被测的模拟电压值。本例中，计数值仅除以 2 (右移 1 位)，然后送入输出字节 QB0，以便通过 LED 来显示被测的电压值，这样显示值与 10 倍的真实电压值相对应。例如，计数值为 200，除以 2 是100，那么被测的模拟电压值就是 10.0 V。因为计数器 100 ms 内共有 200 个计数脉冲，这正与 2000 Hz–10 V 相对应，假设计数值为 104，则实际电压值应为 5.2 V。

66

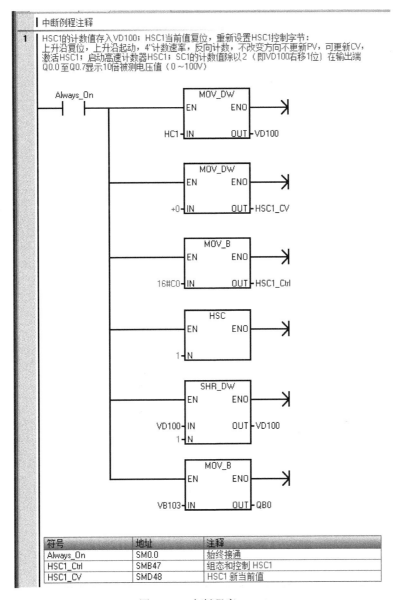

图 21-3　中断程序 INT_0

## 分析思考

定时中断间隔时间可在 5～255 ms 的范围内变化。通过设立一个标志,可根据需要来延长高速计数器的求值和复位时间,这样就有更长的扫描间隔,提高精确度,但同时也会带来更长的更新时间。例如,定时中断设为 100 ms,每调用一次,标志增加 1,仅当标志到达 10 时,才对高速计数器求值和复位。即 10 V 电压可接收的最大脉冲为 2000,则求值精确到 5/1000 V,即精确度是本例的 10 倍,但同时速度也减慢了 10 倍。

# 第二部分　功能指令

# 项目 22　使用状态图表

## 项目要求

在 STEP 7 Micro/WIN SMART 软件中，使用状态图表监控和调试程序。

## 项目分析

在 STEP 7 Micro/WIN SMART 与 PLC 之间成功建立通信并且将程序下载到 PLC 后，就可以监控和调试程序。程序状态监控可以监控程序的运行情况，但是如果需要监控的变量较多，不能在程序编辑器中同时显示，则需要使用状态图表监控。

## 编程示例

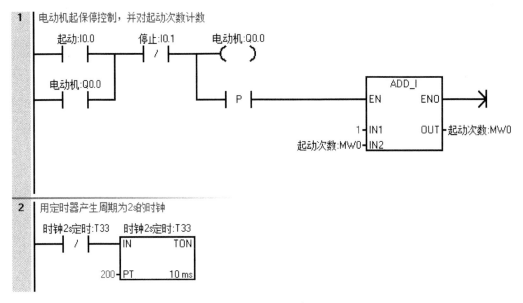

图 22-1　实验程序图

### 1. 创建状态图表

以图 22-1 所示的程序为例，编译下载到 PLC 后，单击导航栏中的"状态图表"按钮，打开状态图表窗口。在地址列输入要监控的地址，如 I0.0，格式自动设定为"位"，用同样的方法输入其他需要监控的地址，设定显示格式，或者在程序编辑器中高亮显示所选的程序段，单击右键，在快捷菜单中选择"创建状态图表"，软件自动创建一个新的状态图表，并将所选程序段中的每个唯一操作数作为一个条目添加到新的状态图表中，还可以从符号表中复制地址或符号粘贴到状态图表中快速建立。单击工具栏中的"切换寻址"按钮，切换绝对地址和符号名称的显示模式。创建完成后单击"保存"按钮，注意状态图表并不下载到

PLC 中。创建的状态图表如图 22-2 所示。

| | 地址 | 格式 | 当前值 | 新值 |
|---|---|---|---|---|
| 1 | 起动:I0.0 | 位 | | |
| 2 | 停止:I0.1 | 位 | | |
| 3 | 电动机:Q0.0 | 位 | | |
| 4 | 起动次数:MW0 | 有符号 | | |
| 5 | 时钟2s定时:T33 | 有符号 | | |

图 22-2　状态图表

## 2. 状态图表监控

单击工具栏中的"读取"按钮，获得监控值的单次数据，如图 22-3 所示。

| | 地址 | 格式 | 当前值 | 新值 |
|---|---|---|---|---|
| 1 | 起动:I0.0 | 位 | 2#0 | |
| 2 | 停止:I0.1 | 位 | 2#0 | |
| 3 | 电动机:Q0.0 | 位 | 2#0 | |
| 4 | 起动次数:MW0 | 有符号 | +0 | |
| 5 | 时钟2s定时:T33 | 有符号 | +134 | |

图 22-3　监控值的单次数据

单击"图表状态"按钮，连续监控 PLC 中的数据，单击程序编辑器中的"程序状态"按钮，连续监视程序执行情况，如图 22-4 所示。

| | 地址 | 格式 | 当前值 | 新值 |
|---|---|---|---|---|
| 1 | 起动:I0.0 | 位 | 2#0 | |
| 2 | 停止:I0.1 | 位 | 2#0 | |
| 3 | 电动机:Q0.0 | 位 | 2#0 | |
| 4 | 起动次数:MW0 | 有符号 | +0 | |
| 5 | 时钟2s定时:T33 | 有符号 | +13 | |

图 22-4　连续监控 PLC 中的数据

拨动外部按钮 I0.0、I0.1，可观察程序执行和状态图表监控情况。

## 3. 写入与强制值

在"新值"列中输入一个或多个预设值，单击"写入"按钮将新值写入 CPU，不过程序执行时该值可能被新值覆盖。S7-200 SMART CPU 允许通过强制来模拟逻辑条件或物理条件进行程序的调试，例如在 I0.0 新值列中输入 1，I0.1 新值列中输入 0，单击工具栏中的"强制"按钮，I0.0 和 I0.1 的当前值更改为强制值并增加了强制标记，如图 22-5 所示。

| | 地址 | 格式 | 当前值 | 新值 |
|---|---|---|---|---|
| 1 | 起动:I0.0 | 位 | 🔒 2#1 | |
| 2 | 停止:I0.1 | 位 | 🔒 2#0 | |
| 3 | 电动机:Q0.0 | 位 | 2#0 | |
| 4 | 起动次数:MW0 | 有符号 | +0 | |
| 5 | 时钟2s定时:T33 | 有符号 | +104 | |

图 22-5　写入与强制值

此时不管外部状态怎样改变、程序指令怎样执行，强制值不变，强制具有高优先级。单击"全部取消强制"按钮，解除所有的强制。

**4. 趋势视图显示**

单击"趋势视图"按钮，切换图表和趋势视图显示模式。趋势视图是通过随时间变化的 PLC 数据绘图来连续跟踪状态数据，具体情况如图 22-6 所示。

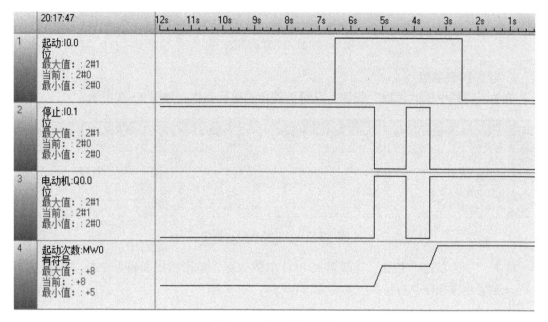

图 22-6　趋势视图显示

单击鼠标右键，在快捷菜单中同样可以选择"写入""强制"等命令来执行相应操作。选择不同的时基可以设置趋势视图显示的时间范围。单击"暂停图表"按钮，冻结趋势视图以便仔细分析数据。

# 项目 23  S7-200 SMART 数据块的使用

## 项目要求

掌握数据块中分配地址和数据值的一般规则，输入、编辑数据块。

## 项目分析

数据块用来对 V 存储区（变量存储区）赋初始值，可以对字节、字或双字来分配数据值。数据块的典型行包括起始地址、一个或多个数据以及双斜线后的可选注释。

在数据块中分配地址和数据值的一般规则如下：

数据块的第一行必须分配显式地址，后续行可以分配显式地址或隐式地址。在单个地址后输入多个数据，或者输入只包含数据的行时，编译器会自动进行隐性地址分配。编译器根据前面的地址或所表示的数据长度，如字节、字或双字来指定适当数量的 V 存储区。在输入地址时省略尺寸规格，只输入 V，编译器会自动根据起始地址和数据所需的存储长度指定适当的 V 存储区进行分配，这样可以混合分配不同尺寸的数据。

## 编程示例

### 1. 数据块的输入、编辑

打开 STEP 7 Micro/WIN SMART 软件，单击导航栏中的"数据块"按钮，打开数据块窗口，如图 23-1 所示。

图 23-1  数据块窗口

数据块编辑器是一个自由格式文本编辑器，直接在串口内输入地址和数据即可。输入完一行后按〈Enter〉键，数据块编辑器会自动格式化行，如对齐地址列、数据和注释，将 V 存储区大写，如图 23-2 所示。

在输入过程中如果包含错误，立即会在左侧显示红色的叉号，如图 23-3 所示。

完成一个赋值行后，按〈Ctrl+Enter〉键，地址会自动增加到下一个可用地址。鼠标右键单击地址处，在弹出菜单中选择"选择符号"，可以通过符号名称输入地址，如图 23-4 所示。

图 23-2　数据块正确编辑窗口

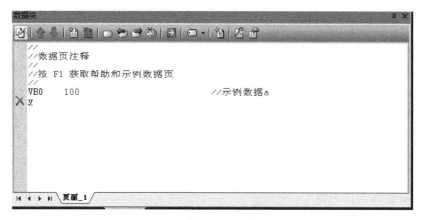

图 23-3　数据块错误编辑窗口

| 符号 | 地址 | 表格 | 注释 |
|---|---|---|---|
| Always_On | SM0.0 | 系统符号 | 始终接通 |
| Clock_1s | SM0.5 | 系统符号 | 针对 1 s 的周… |
| Clock_60s | SM0.4 | 系统符号 | 针对 1 分钟的… |
| Clock_Scan | SM0.6 | 系统符号 | 扫描周期时钟… |
| Comm_Int_Ovr | SM4.0 | 系统符号 | 如果通信中断… |
| CPU_Alarm | SMW100 | 系统符号 | CPU |
| CPU_ID | SMB6 | 系统符号 | 识别 CPU 型号 |
| CPU_IO | SMB7 | 系统符号 | 识别 I/O 类型 |
| CPU_输出0 | Q0.0 | I/O 符号 | |
| CPU_输出1 | Q0.1 | I/O 符号 | |
| CPU_输出10 | Q1.2 | I/O 符号 | |
| CPU_输出11 | Q1.3 | I/O 符号 | |
| CPU_输出12 | Q1.4 | I/O 符号 | |
| CPU_输出13 | Q1.5 | I/O 符号 | |
| CPU_输出14 | Q1.6 | I/O 符号 | |
| CPU_输出15 | Q1.7 | I/O 符号 | |
| CPU_输出2 | Q0.2 | I/O 符号 | |
| CPU_输出3 | Q0.3 | I/O 符号 | |
| CPU_输出4 | Q0.4 | I/O 符号 | |
| CPU_输出5 | Q0.5 | I/O 符号 | |
| CPU_输出6 | Q0.6 | I/O 符号 | |
| CPU_输出7 | Q0.7 | I/O 符号 | |

图 23-4　选择符号窗口

单击"切换寻址"按钮，可切换符号名称和绝对地址的显示。单击"保护"，可以切换至"保护"选项卡对程序块设置密码保护，如图 23-5 所示。

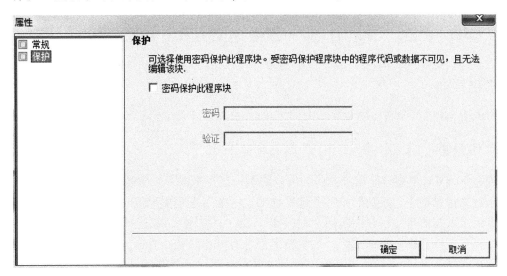

图 23-5 "保护"选项卡

与普通文本编辑器类似，剪切、复制、粘贴等同样适用。在 S7-200 SMART 中，数据块支持分页，通过工具栏按钮可以插入或删除数据页。编辑完成后单击"保存"按钮保存项目。

**2. 数据块编译、下载**

单击"编译"按钮，编译项目的所有组件；单击"下载"按钮，将项目下载到 PLC。

# 项目 24　使用 S7-200 SMART 的数据日志

## 项目要求

组态电机状态、电机温度和环境温度，将变量保存在 S7-200 SMART 的数据日志中。

## 项目分析

S7-200 SMART 通过数据日志向导可以组态一组用来保存数据的 PLC 地址，通过向导创建一条数据记录指令，其功能是将所选地址的实时值写入 CPU 中的"数据日志"。程序使用该指令记录数据值日志，其中包括"时间戳"和"日期戳"。数据日志功能是采集和归档应用程序相关统计数据、数据跟踪、系统特定信息等内容的有效方式。数据日志向导可以创建最多 4 个存储在 PLC 永久存储区的数据日志文件，每一个数据日志都是单独的文件，创建步骤如下：

(1) 启动数据日志向导。
(2) 选择要组态的数据日志。
(3) 命名所选择的数据日志。
(4) 定义数据日志的可选项。
(5) 定义数据日志的字段。
(6) 定义向导所需要的 V 存储区。
(7) 数据日志生成的项目组件。
(8) 调用 DATx_WRITE 程序。
(9) 将数据日志上传到 PLC。

## 编程示例

### 1. 组态向导

启动 STEP 7 Micro/WIN SMART 软件，在项目树中，双击"向导"下的"数据日志"，打开数据日志向导，如图 24-1 所示。

选择要组态的数据日志"数据日志 0"，单击"下一页"按钮，如图 24-2 所示。

在弹出的"数据日志命名"对话框中，选择默认的数据日志名称"数据日志 0"，如图 24-3 所示，单击"下一页"按钮。

在弹出的"数据日志选项"对话框中，可以指定该数据日志的最大记录数量，并选择是否包含时间戳和日期戳以及上传记录时是否清楚数据日志中的所有记录。在这里我们指定数据日志的最大记录数量为 1000，并选择包含时间戳和日期戳，如图 24-4 所示。

单击的"下一页"，弹出"数据日志字段定义"对话框。在数据日志中每个字段都将成为项目中的符号。必须为每个字段指定一个数据类型。存储于 CPU 的数据日志记录最多含200 个字节，其中包括 3 个日期时间戳（若启用）字节、3 个时间戳（若启用）字节以及剩

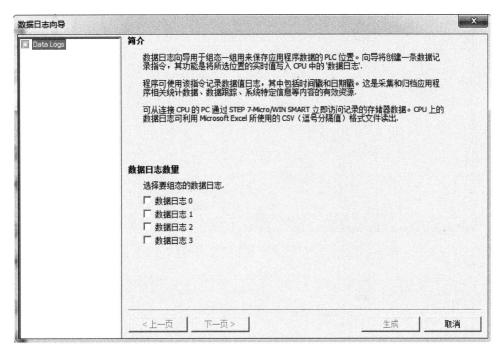

图 24-1　启动数据日志向导

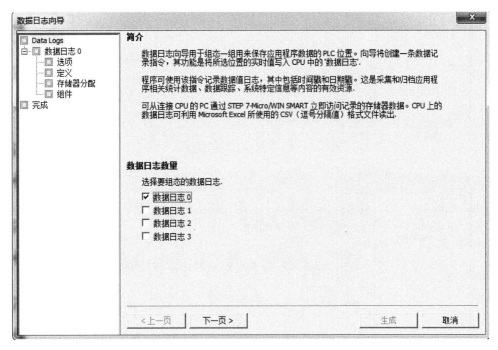

图 24-2　数据日志选择对话框

余数据值字节。在此我们定义一个"电机状态"字段，数据类型选为"BYTE"（字节）；一个"电机温度"字段，数据类型选为"REAL"（实数）；再添加一个"环境温度"字段，数据类型选为"REAL"（实数）。定义完成后如图 24-5 所示。

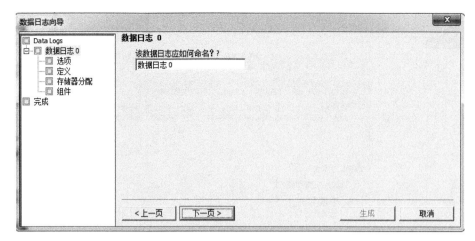

图 24-3　数据日志命名对话框

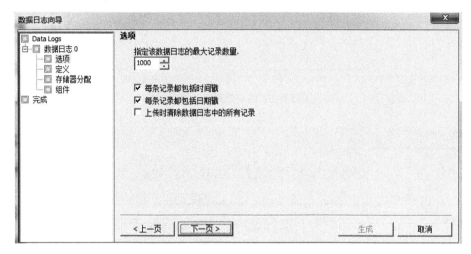

图 24-4　数据日志选择对话框

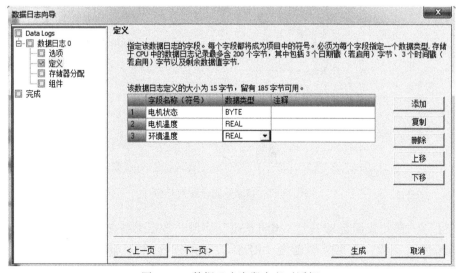

图 24-5　数据日志字段定义对话框

单击的"下一页"按钮后弹出"存储器分配"对话框,在此采用建议地址,如图 24-6 所示。

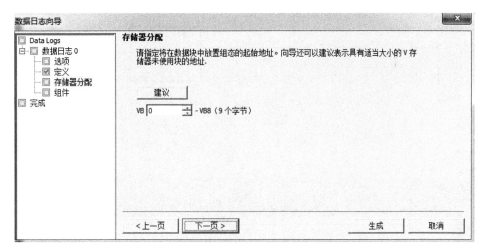

图 24-6　存储器分配对话框

接下来单击"下一页"按钮,显示数据日志的各个组件。其中 DAT0_WRITE 用于获取日志数据的子程序;DAT0_DATA 为组态置于(VB0,VB8)的数据页;DAT0_SYM 为此组态创建的符号表,如图 24-7 所示。

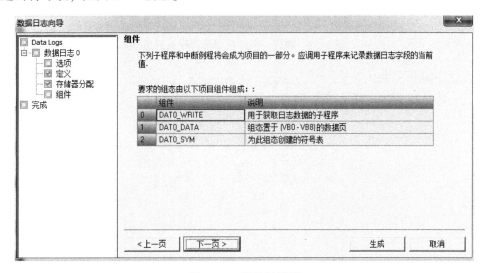

图 24-7　组件对话框

单击"下一页"→"生成"按钮,组态向导配置完成。

**2. 编写程序**

在"MAIN"中编写写入数据日志的程序,当 M0.0 的上升沿到来时,调入执行一次写入子程序,如图 24-8 所示。

在数据块中选择向导下的"DAT0_DATA"标志可找到数据所在的 V 存储器位置,如图 24-9 所示,它们将被写入到数据归档记录中。每个具体的数据归档记录,都将找到对应

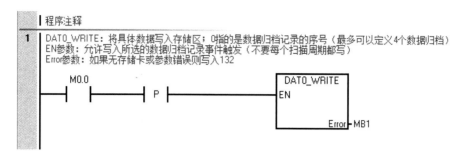

图 24-8  主程序

的数据标签。

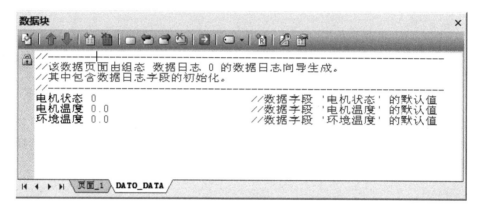

图 24-9  数据块中的数据记录相关信息

至此程序编写完毕。

# 项目 25 中断及中断指令

## 项目要求

在 I0.0 的上升沿通过中断使 Q0.0 立即置位。

在 I0.1 的下降沿通过中断使 Q0.0 立即复位。

## 项目分析

中断就是终止当前正在运行的程序，去执行未立刻响应的信号而编写的中断服务程序。执行完毕后再返回原来终止的程序并继续运行。S7-200 SMART CPU 最多支持 38 个中断事件，其中 8 个为预留。为了便于识别，系统给每个中断事件都分配了编号，又称中断事件号。所有中断事件可以分为三大类：通信中断、I/O 中断和定时中断，如表 25-1 所示。

表 25-1 S7-200 SMART 的中断事件描述及优先级

| 优先级分组 | 中断事件号 | 中 断 描 述 |
|---|---|---|
| 通信中断（最高） | 8 | 端口 0：接收字符 |
| | 9 | 端口 0：发送完成 |
| | 23 | 端口 0：接收信息完成 |
| | 24 | 端口 1：接收信息完成 |
| | 25 | 端口 1：接收字符 |
| | 26 | 端口 1：发送完成 |
| I/O 中断（中等） | 0 | I0.0 的上升沿 |
| | 2 | I0.1 的上升沿 |
| | 4 | I0.2 的上升沿 |
| | 6 | I0.3 的上升沿 |
| | 35 | 信号板输入 I7.0 的上升沿 |
| | 37 | 信号板输入 I7.1 的上升沿 |
| | 1 | I0.0 的下降沿 |
| | 3 | I0.1 的下降沿 |
| | 5 | I0.2 的下降沿 |
| | 7 | I0.3 的下降沿 |
| | 36 | 信号板输入 I7.0 的下降沿 |
| | 38 | 信号板输入 I7.1 的下降沿 |
| | 12 | HSC0 的当前值等于预设值 |
| | 27 | HSC0 输入方向改变 |
| | 28 | HSC0 外部复位 |

| 优先级分组 | 中断事件号 | 中 断 描 述 |
|---|---|---|
| I/O 中断（中等） | 13 | HSC1 的当前值等于预设值 |
| | 16 | HSC2 的当前值等于预设值 |
| | 17 | HSC2 输入方向改变 |
| | 18 | HSC2 外部复位 |
| | 32 | HSC3 的当前值等于预设值 |
| 定时中断（最低） | 10 | 定时中断 0，使用 SMB34 |
| | 11 | 定时中断 1，使用 SMB35 |
| | 21 | T32 的当前值等于预设值 |
| | 22 | T96 的当前值等于预设值 |

通信中断为 CPU 的串行通信端口，可以由用户程序进行控制，称为自由端口模式。在该模式下，接收信息完成、发送信息完成、接收一个字符均可以产生中断事件。利用接收和发送中断可以简化程序对通信的控制。I/O 中断包括上升沿、下降沿中断和高速计数器中断。CPU 可以为输入点 I0.0~I0.3 以及可选信号板的 I7.0、I7.1 的上升沿或下降沿产生中断。高速计数器中断允许响应 HSC 的计数器当前值等于设定值、计数方向改变和计数器外部复位等中断事件。定时中断可以用来执行一个周期性的操作，以 1 ms 为增量，周期时间可以取 1~255 ms。定时中断 0 和定时中断 1 的时间间隔分别写入特殊寄存器字节 SMB34 和 SMB35。通常可以使用定时中断来采集模拟量或定时执行 PID 回路控制程序。定时器 T32、T96 中断允许即时响应一个给定时间间隔的结束，只有 1 ms 分辨率的接通延时 TO2 和断开延时 TOF 定时器，T32 和 T96 支持此类中断。启用中断后，当定时器的当前值等于预设值时，在 CPU 的 1 ms 定时刷新中执行被连接的中断程序。S7-200 SMART 规定的中断优先级由高到低依次是：通信中断、I/O 中断、定时中断。每类中断中不同的中断事件又有不同的优先权，多个中断事件同时发生时，根据优先级组以及组内优先权来确定首先处理哪一个中断事件。优先级相同时，CPU 按照先来先服务的原则处理中断。任何时刻 CPU 只能执行一个用户中断程序。一旦一个中断程序开始执行，它要一直执行到完成，即使更高优先级的中断事件发生，也不能中断正在执行的中断程序。正在处理另一个中断时发生的中断会进行排队等待处理。每一个优先级组分别设立相应的队列，产生的中断事件分别在各自的队列排队，先到先处理，各队列能保存的最大中断数以及队列溢出特殊寄存器位如表 25-2 所示。

表 25-2 各队列能保存的最大中断数以及队列溢出特殊寄存器位

| 队 列 | 队 列 深 度 | 队列溢出 SM 位 |
|---|---|---|
| 通信中断队列 | 4 | SM4.0 |
| I/O 中断队列 | 16 | SM4.1 |
| 定时中断队列 | 8 | SM4.2 |

S7-200 SMART 的中断管理是通过指令完成的，其中包括中断允许与中断禁止指令，中断连接与中断分离指令。CPU 进入 RUN 模式时，自动禁止所有中断。下面将逐一介绍各指令：

—( ENI )·ENI：中断允许指令，全局性地启用对所有连接的中断事件的处理。

—( DISI )·DISI：中断禁止指令，全局性地禁止对所有中断事件的处理，但是已建立了关联的中断事件仍将继续排队。

—( RETI )·RETI：从中断程序有条件地返回指令，在控制它的逻辑条件满足时，从中断程序返回。编译程序自动为各中断程序添加无条件返回指令。

·ATCH：中断连接指令，用来建立中断事件号 EVNT 与中断程序编号之间的联系，并自动允许该中断事件进入相应的队列排队，能否执行处理还要看禁止的情况。

多个中断事件允许与同一个中断程序相关联，但同一个中断事件不允许与多个程序相连。

·DTCH：中断分离指令，解除中断事件 EVNT 与所有中断程序的关联所指定的中断事件不再进入中断队列，从而禁止单个中断事件。

·CLR_EVNT：清除中断指令，从中断队列中清除所有编号为 EVNT 的中断事件。该指令可以用来清除不需要的中断事件。

## 编程示例

### 1. 编写处理 I0.0 上升沿中断事件的中断程序（见图 25-1）

图 25-1 中断程序 1

### 2. 编写处理 I0.1 下降沿中断事件的中断程序（见图 25-2）

图 25-2 中断程序 2

## 3. 编写主程序

主程序如图 25-3 所示，保存编译即可。

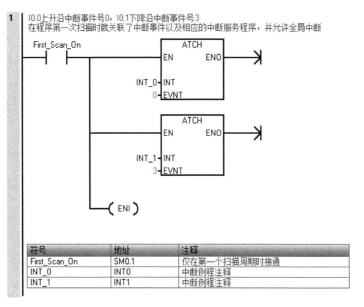

| 符号 | 地址 | 注释 |
|------|------|------|
| First_Scan_On | SM0.1 | 仅在第一个扫描周期时接通 |
| INT_0 | INT0 | 中断例程注释 |
| INT_1 | INT1 | 中断例程注释 |

图 25-3　主程序

# 项目 26　系统块的组态

## 项目要求

CPU 组态、信号板组态、扩展模块组态。

## 项目分析

系统块提供对 S7-200 SMART CPU 信号板和扩展模块的组态。

## 编程示例

### 1. CPU 组态

打开 STEP 7 Micro/WIN SMART 软件，在项目树中双击打开"系统块"，对话框顶端显示已经组态的模块，底部显示在顶部选择的模块选项，如图 26-1 所示。

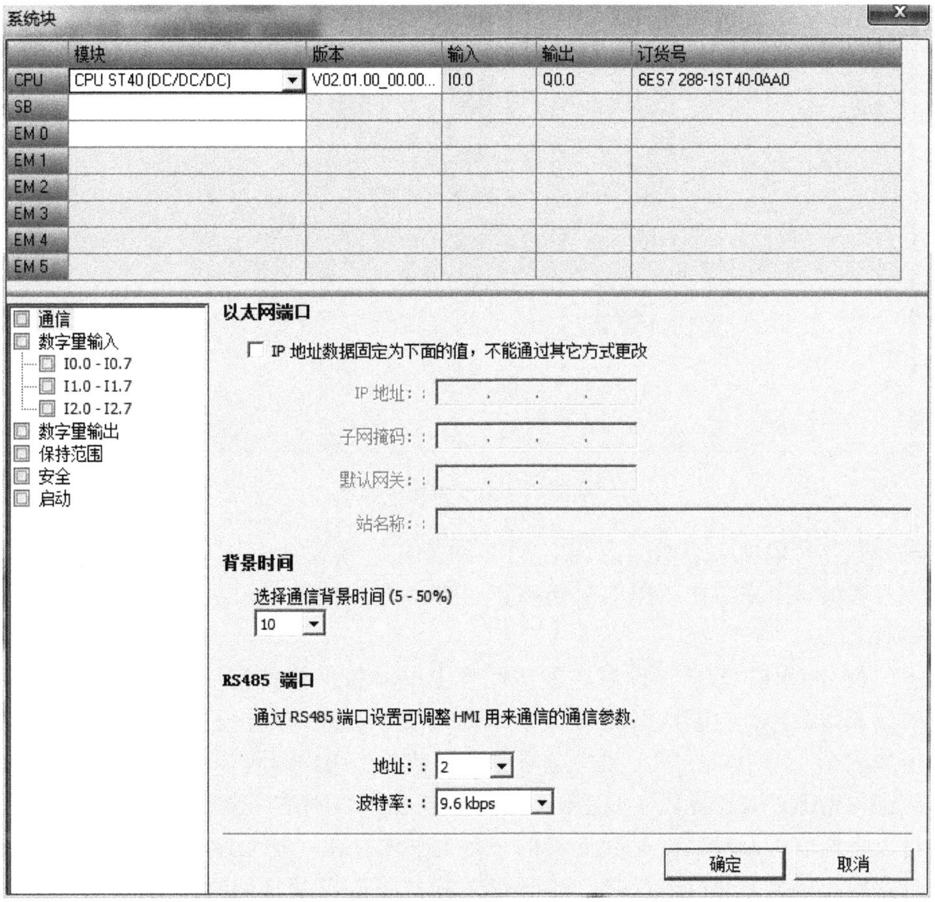

图 26-1　系统块组态对话框

首先选择 CPU，单击"通信"节点，在"以太网端口"选项中，设置 CPU 的固定 IP 地址，在"背景时间"选项中，组态专门用于处理通信请求的扫描周期时间百分比，在"RS485"选项中，设置本机 RS-485 端口的地址和波特率等通信参数。单击"数字量输入"节点，S7-200 SMART CPU 允许为部分或所有数字量输入点选择一个定义时沿的输入滤波器，帮助过滤输入接线上的干扰脉冲，默认滤波时间为 6.4 ms，使能脉冲捕捉功能可以捕捉出现时间极短的信号转换脉冲，具体设置如图 26-2 所示。

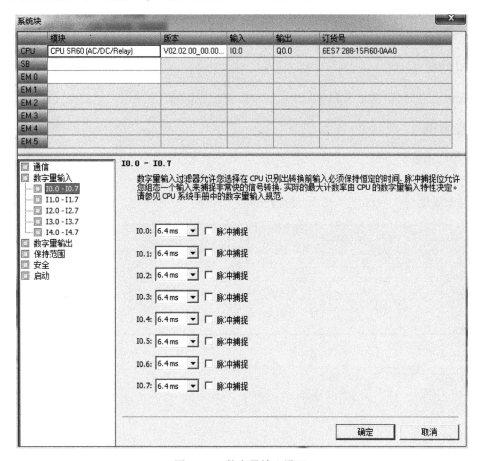

图 26-2　数字量输入设置

单击"数字量输出"节点，当 CPU 处于"STOP"模式时，可以将数字量输出点设定为特定值，或者将输出冻结在"RUN"切换到"STOP"模式前的最后一个状态，具体设置如图 26-3 所示。

单击"保持范围"节点，设置在发生循环上电时将保持的存储器范围，可以为 V 区、M 区定时器和计数器，在默认情况下 CPU 未定义保持区域，具体设置如图 26-4 所示。

单击"安全"节点，在"密码"选项中通过修改密码权限可以控制对 CPU 的访问和修改，S7-200 SMART CPU 提供 4 级密码保护，默认密码级别是完全权限，在"通信写访问"选项中可以将通信写入控制在 V 存储器的一定范围内，在"串行端口"选项中可以设置允许在没有密码的情况下通过串行端口进行 CPU 模式更改以及日期时钟的读取和写入，具体设置如图 26-5 所示。

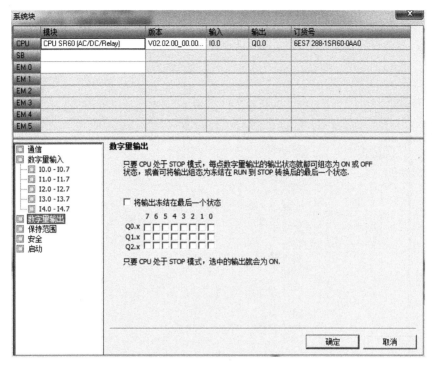

图 26-3　数字量输出设置

图 26-4　保持范围设置

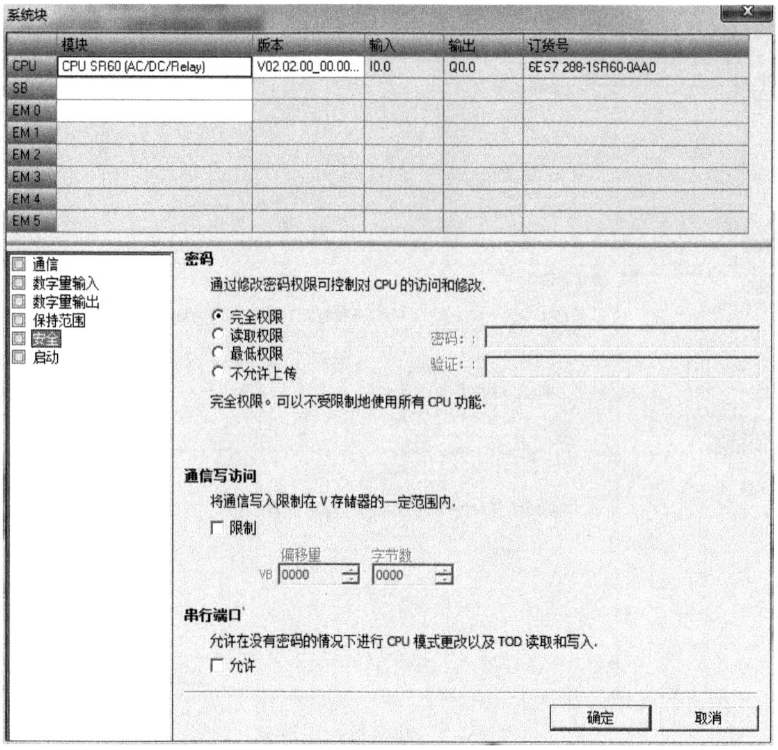

图 26-5　安全设置

单击"启动"节点，在"CPU 模式"选项中，选择 CPU 启动后的模式为"STOP""RUN"和"LAST"，在"硬件"选项中，组态在缺少硬件配置内的指令设备，或者硬件配置与实际设备不符导致配置错误时是否允许 CPU 以 RUN 模式运行，具体设置如图 26-6 所示。

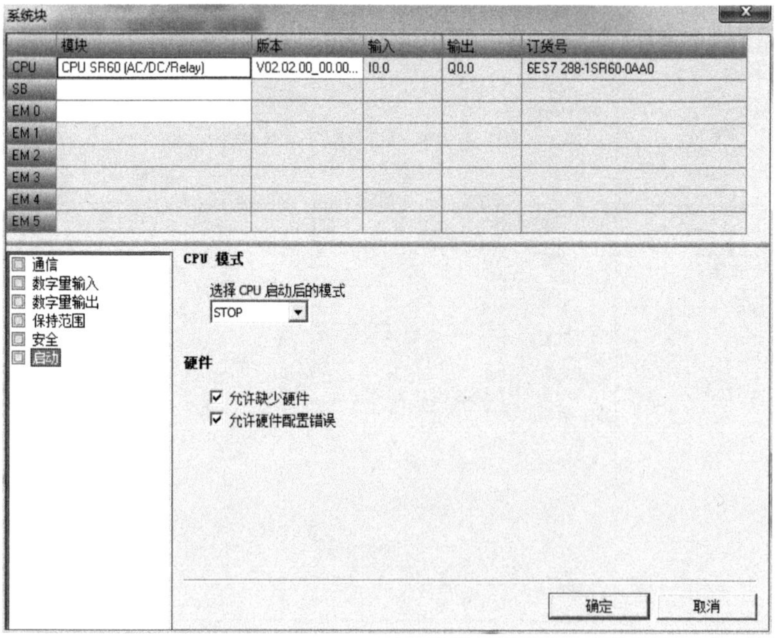

图 26-6　启动设置

## 2. 信号板组态

信号板为通信板时，单击"通信"节点，根据实际设备设置类型、地址、波特率等通信参数，具体设置如图 26-7 所示。

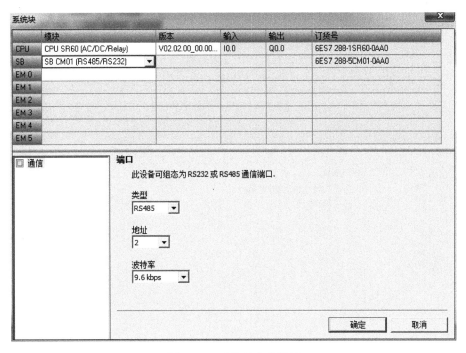

图 26-7　通信板参数设置

信号板为数字量输入输出、模拟量输出时，相关组态与 CPU 扩展模块中的组态相同，具体设置如图 26-8 所示。

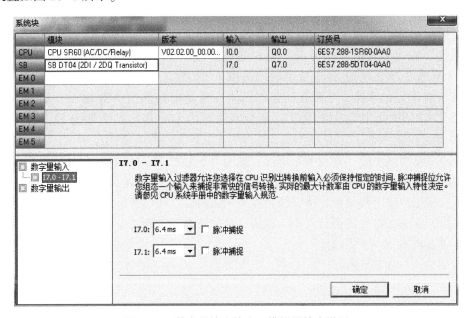

图 26-8　数字量输入输出、模拟量输出设置

### 3. 扩展模块组态

这里介绍模拟量输入、输出模块的组态。单击"模块参数"节点，组态是否启用模块电源报警，如图26-9所示。

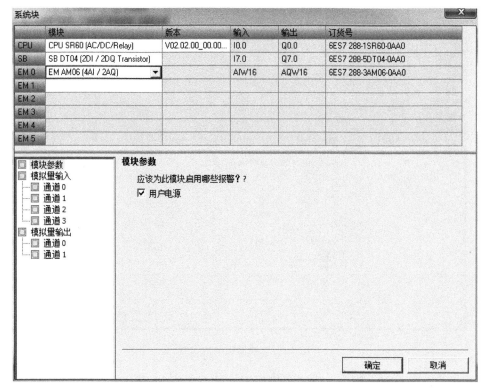

图26-9　扩展模块参数设置

单击模拟量输入下的"通道0"节点，通道0的地址为AIW64。"类型"组态为电压或者电流，注意为通道0选择的类型也适用于通道1，为通道2选择的类型也适用于通道3。"范围"组态的电压范围或电流范围。"拒绝"组态对信号进行抑制，消除或最小化某个频率点的噪声。"平滑"组态模块在指定周期数内平滑输入，从而将一个平均值传送到CPU中。报警选项中组态是否启用超出上限和超出下限报警，具体设置如图26-10所示。

单击模拟量输出下的"通道0"节点，通道0的地址为AQW64。每条模拟量输出通道允许单独组态类型为电压或电流，然后组态通道的电压或电流范围。当CPU处于STOP模式时，可将模拟量输出点设置为特定值，或者将输出冻结在切换到STOP模式前的最后一个状态。在报警选项中组态是否启用相关报警，对电流通道为断线报警，对电压通道为短路报警，具体设置如图26-11所示。

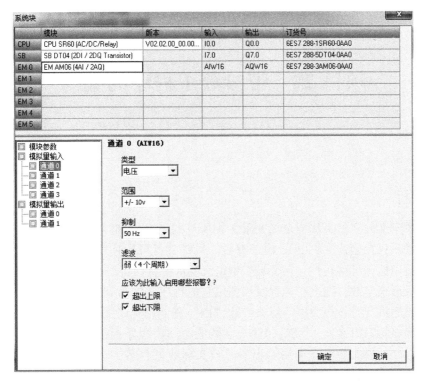

图 26-10 扩展模块模拟量输入设置

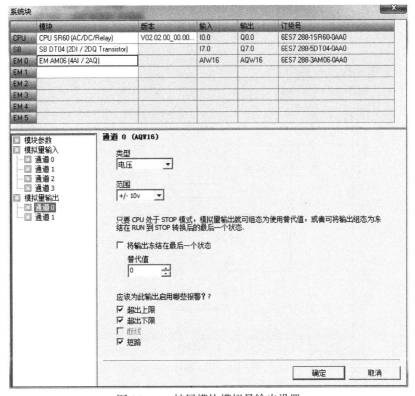

图 26-11 扩展模块模拟量输出设置

# 项目 27   带参数子程序的编写

## 项目要求

编写带参数子程序。

## 项目分析

符号表中定义的变量又称为全局变量，在所有的 POU 中都有效，变量表中定义的变量称为局部变量，只在创建它的 POU 内部有效。局部变量可以用作传递到子程序的参数，增加子程序的通用性和可移植性，在变量表中定义局部变量的符号和数据类型。变量类型分为两种：一种是形式参数，用来在子程序和调用它的程序之间传递数据；另一种是临时变量，只用来在子程序执行时暂存数据。形式参数 "IN" 是调用程序提供的输入参数，"OUT" 是返回到调用程序的输出参数，"IN_OUT" 参数值由调用程序提供，由子程序修改，然后再返回到调用程序。形式参数在调用子程序时被实际数据代替，局部变量的数据都存储在 L 存储器中，地址自动分配，所有 POU 共用 64 字节的 L 存储器，一个 POU 执行完毕后释放，其他 POU 执行时重复使用。在程序中用符号寻址变量时，全局变量的符号直接显示，局部变量的符号前面带有 "#" 以示区别。

## 编程示例

### 1. 编写带参数子程序并调用

编写子程序，如图 27-1 所示。

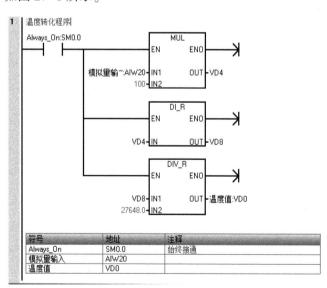

图 27-1   子程序

在变量表中定义局部变量，如图 27-2 所示。

| | 地址 | 符号 | 变量类型 | 数据类型 | 注释 |
|---|---|---|---|---|---|
| 1 | | EN | IN | BOOL | |
| 2 | LW0 | AI_IN | IN | INT | |
| 3 | | | IN | | |
| 4 | | | IN_OUT | | |
| 5 | LD2 | T_value | OUT | REAL | |
| 6 | | | OUT | | |
| 7 | LD6 | temp_DINT | TEMP | DINT | |
| 8 | LD10 | temp_Real | TEMP | REAL | |
| 9 | | | TEMP | | |

图 27-2　变量表

该变量表有两个形式参数，包括一个输入参数和一个输出参数；有两个临时变量，也可以不定义临时变量符号直接使用 L 存储器绝对地址。将程序段中的全局地址改为局部变量，增强其通用性，方便移植，更改后如图 27-3 所示。

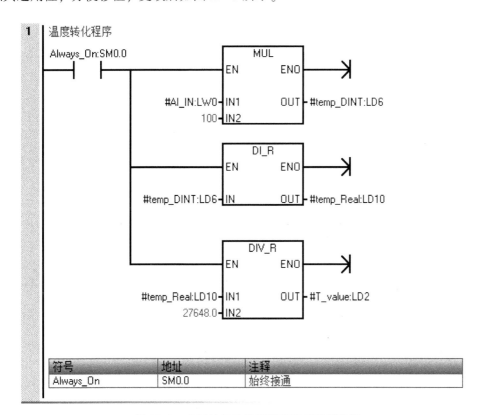

图 27-3　全局地址改为局部变量后的子程序

右键单击子程序标签，打开"属性"对话框，将其重命名为"温度转化"，也可以设置密码保护，只允许调用，程序代码不可见、不可编辑，如图 27-4 所示。

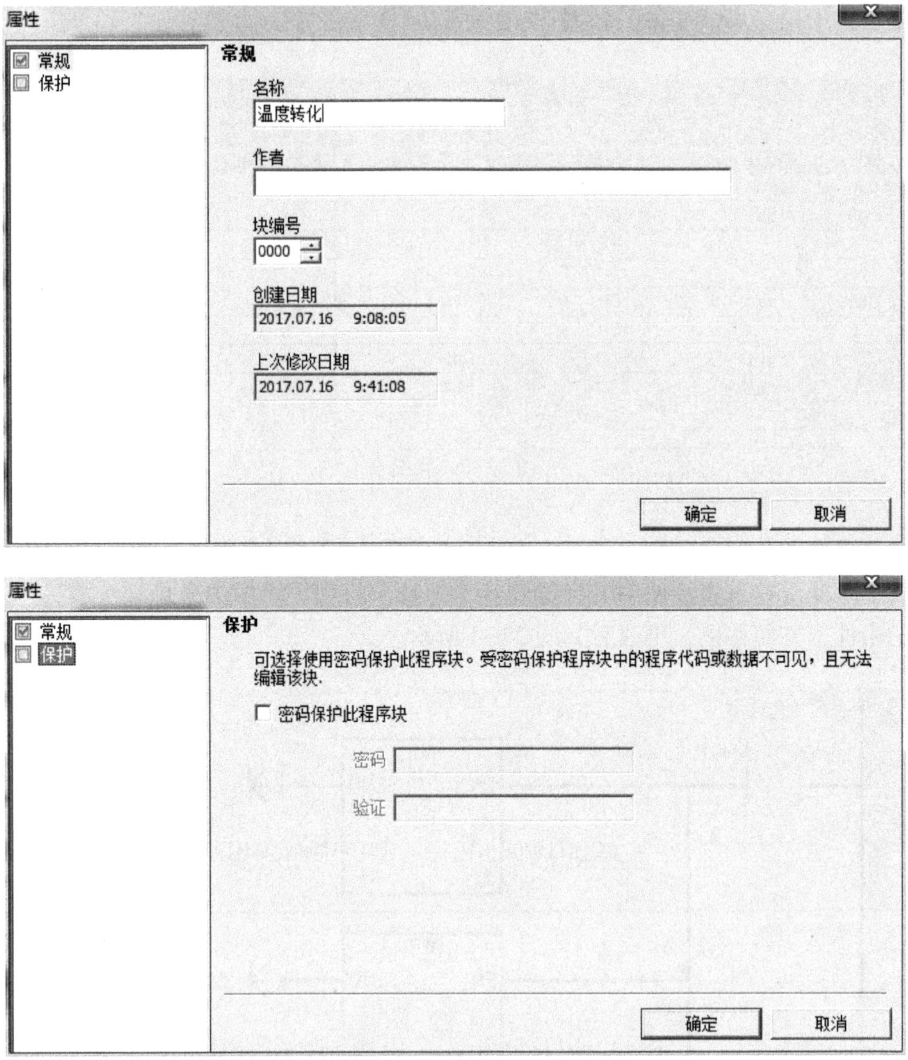

图 27-4　子程序属性对话框

单击"确定"按钮，这样带参数的子程序就编写完成了。

回到主程序，展开项目树的"调用子例程"文件夹，将"温度转化"拖放到编程区域。该子程序以指令块的形式显示，包含了变量表中定义的形式参数，IN 参数在左侧，OUT 参数在右侧。编写图 27-5 所示程序。

这样通过调用带参数子程序编写的模拟量转换程序就完成了，保存项目。

**2. 下载并测试**

将项目编译下载到 PLC 后，启动程序状态持续监视，可以看到将 AIW20 中的数值转化成了对应的温度值。

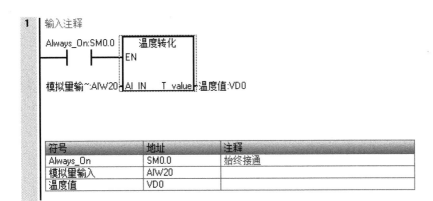

| 符号 | 地址 | 注释 |
|------|------|------|
| Always_On | SM0.0 | 始终接通 |
| 模拟量输入 | AIW20 | |
| 温度值 | VD0 | |

图 27-5　通过调用带参数子程序的模拟量转化程序

# 项目 28　将 S7-200 项目移植为 S7-200 SMART 项目

## 项目要求

S7-200 到 S7-200 SMART 项目的移植。

## 项目分析

在做移植时，首先要考虑以下问题：S7-200 能满足的功能在 S7-200 SMART 能否实现？S7-200 的硬件配置能否被移植到 S7-200 SMART？S7-200 PLC 所运行的程序能否被简单、快速的升级到 S7-200 SMART？接下来将重点介绍硬件配置和软件编程这两部分的移植。

### 1. CPU 模块移植对比

西门子 S7-200 PLC 与 S7-200 SMART PLC 的硬件配置对比如表 28-1 所示。

表 28-1　S7-200 PLC 和 S7-200 SMART PLC 对比

| | CPU 类型 | 221 | 222 | 224 | 224XP | 226 |
|---|---|---|---|---|---|---|
| S7-200 | 数字量 IO | 6DI/4DO | 8DI/6DO | 14DI/10DO | | 24DI/16DO |
| | 布尔运算时间/ns | 220 | | | | |
| | 扩展能力 | 0 | 2 | 7 | | |
| | 程序存储器/KB | 4 | 12 | 16 | 24 | |
| | 用户数据（V 区）/KB | 2 | | 8 | 10 | |
| | 保持性 | 电池卡保持 | | | | |
| | 24 V 传感器电源/mA | 180 | | 280 | 400 | |
| | 宽度/mm | 90 | | 120.5 | 140 | 196 |

| | CPU 类型 | SR20 | ST20 | SR30 | ST30 | SR40 | ST40 | SR60 | ST60 | CR40 | CR60 |
|---|---|---|---|---|---|---|---|---|---|---|---|
| S7-200 SMART | 数字量 IO | 12DI/8DO | | 18DI/22DO | | 24DI/16DO | | 36DI/24DO | | 36DI/24DO | |
| | 布尔运算时间/ns | 150 | | | | | | | | | |
| | 扩展能力 | 6+1 | | | | | | | | 无 | |
| | 程序存储器/KB | 12 | | 18 | | 24 | | 30 | | 12 | |
| | 用户数据（V 区）/KB | 8 | | 12 | | 16 | | 20 | | 8 | |
| | 保持性/KB | 10 | | | | | | | | | |
| | 24 V 传感器电源/mA | 300 | | | | | | | | | |
| | 宽度/mm | 90 | | 110 | | 125 | | 175 | | 125 | 175 |

首先介绍 CPU 模块对比，S7-200 PLC 目前有 221、222、224、224XP、226 五款 PLC，S7-200 SMART 目前有 SR20、ST20、SR30、ST30，以及 40 点的、60 点的和经济型的 CR40、CR60 两款 PLC。SR20 和 ST20 具有的点数是 20，其中 12 个输入，8 个输出，S 表示标准型

的 CPU，R 表示继电器输出，T 表示晶体管输出。S7-200 PLC 之前的 221、222 CPU 系列就可以用 ST20 升级替代。224 和 224XP CPU 其具有的点数是 14DI/10DO，加起来是 24 个输入输出点，SMART PLC 的 SR30 和 ST30 加起来有 30 个输入输出点，所以其功能大于 224 和 224XP CPU。226 CPU 有 24 个输入和 16 个输出，加起来是 40 个点，和 SR40、ST40 CPU 本体的输入输出点是相同的，所以可以考虑用 SR40 和 ST40 代替 226 系列的 S7-200 PLC。

接下来考虑扩展能力，224、224XP 和 226 系列的 S7-200 PLC 可以扩展 7 个扩展模块，标准型的 S7-200 SMART PLC 可以扩展 6 个信号模块和 1 个信号板，它们的扩展能力相似。

根据图 28-1 可以看出，S7-200 SMART PLC 的模拟量输入最大配置 49 路，其大于 S7-200 PLC 的 32 路模拟量输入，但模拟量输出稍微弱于 S7-200 PLC。在开关量方面，S7-200 SMART PLC 与 S7-200 PLC 开关量输入输出扩展能力相似。

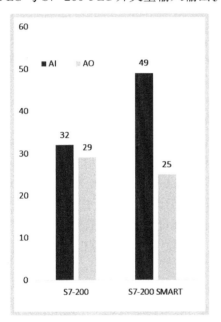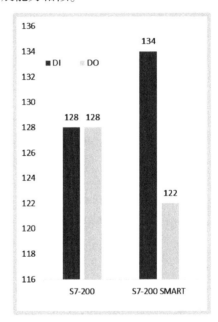

图 28-1　S7-200 PLC 和 S7-200 SMART PLC 关于模拟量和开关量的对比图

S7-200 SMART PLC 的亮点在于：增加了单体集成 I/O 点数，运算速度更快，CPU 在不增加空间的基础上可以扩展一个 SB 卡，CPU 的存储程序空间更大，支持永久断电保持。之前的 S7-200 PLC 断电保持是靠 CPU 内部的超级大电容来实现的，保持时间为 100 小时。

**2. 移植策略**

S7-200 PLC 到 S7-200 SMART PLC 移植策略见表 28-2。根据前面介绍的知识来提供几种比较成熟的移植方案，就 224 CPU 而言，可以考虑用 20 点的 CPU 或 30 点的 CPU 进行移植。对于 224XP 类型 CPU，由于 CPU 本体具有 2 路模拟量输入和 1 路模拟量输出，所以 224XP 移植的时候，可以考虑在 20 点或 30 点的 CPU 基础上再扩展一个 AM03 的模拟量输入输出模块。226 类型 CPU 在移植的时候可以考虑用 40 点的 S7-200 SMART PLC 进行移植。226 和 224XP 系列 CPU 都有两个通信口，如果这两个通信口在之前的 S7-200 PLC 项目中都得到了应用的话，那么还需要扩展一个 CM01 通信板，CM01 用于替代之前的 COM1 口。222 类型的 CPU 可以考虑用 20 点的 S7-200 SMART PLC 进行移植，其性能会更高。

表 28-2　S7-200 PLC 到 S7-200 SMART PLC 移植策略

| 224 | 226 |
|---|---|
| 移植方案比较成熟，具备优势：<br>224T——ST20 或 ST20+DT04<br>224R——SR20 或 SR20+DT04 或 SR30<br>T：晶体管输出，R：继电器输出 | 移植方案比较成熟，优势明显：<br>226 T——ST40<br>226 R——SR40<br>注：如需 2 个串口，可以扩展 CM01 |
| 224XP | 222 |
| 移植方案依据客户功能，具备优势：<br>224XP T——ST20+AM03 或 ST30+AM03<br>224XP R——SR20+AM03 或 SR30+AM03<br>注：如需 2 个串口，可以扩展 CM01 | 移植方案比较成熟，性能更高：<br>222 T——ST20<br>222 R——SR20 |

### 3. 硬件移植对比

S7-200 SMART 的扩展模块采取统一的接线方式，不再区分输入信号是电流还是电压，电流、电压接线方式相同。关于量程转换方面，S7-200 SMART 的模拟量输入量程范围与 S7-1200/300/400 统一。

S7-200 SMART 的信号组合方面比较灵活。S7-200 之前的模拟量模块的测量信号需要通过拨码来选择，在 CPU 下方有几个 DIP 的拨码开关，可通过 DIP 的拨码开关来设置是测电流还是测电压。而 S7-200 SMART 通道的测量信号类型和范围则需要通过软件的系统块组态进行设计。通过软件设计，通道之间的测量范围可以不同，测量类型也可以不同。

S7-200 也提供 8 通道的模拟量输入模块 S7-200 Classic 8AI，但这个 8 通道模拟量输入模块的前 6 路不能接收电流信号，可以 8 通道都做电压测量，或者后 2 路做电流测量。而 S7-200 SMART 的 8 通道的模拟量输入模块的 8 通道都可以进行电流测量或者电压测量，所以 S7-200 SMART 的 8 通道的模拟量模块相对于 S7-200 的 8 通道模拟量模块测量的信号类型更加灵活。

对于 4 通道的热电阻模块来说，S7-200 之前的测量热电阻类型需要通过 DIP 开关进行选择，选择完成后就会确定是测量 Pt100 还是测量 Pt200，那么这 4 个通道将只能测量同类型的热电阻模块。而对于 S7-200 SMART 来说，可以在软件中的系统块组态中选择不同的热电阻类型，它的信号组合更加广泛。

224XP CPU 本体是带有 2 路模拟量输入和 1 路模拟量输出的，那么这个模拟量输入的时候它的电压范围只能是测量 ±10 V，而且 S7-200 SMART CPU 本体是不带有电流的输入输出测量，所以 224XP 在移植的时候需要考虑添加一个 AM03 模块。AM03 模块的模拟量测量可以选择电流测量或者电压测量。

S7-200 SMART 的模拟量扩展模块有更强大的诊断能力，可以设置丰富的诊断内容，比如断线检测、上/下限检测以及短路检测。它还有多样化的诊断方式，比如模板指示灯诊断、编程软件诊断。在 STEP 7 Micro/WIN SMART 软件中，在线连接 PLC 以后，单击 "PLC" 菜单栏中的 "PLC 信息"，就会显示 CPU 有无错误。除了上述两种诊断方式外，S7-200 SMART PLC 还提供了一个 SM 特殊寄存器诊断，可以通过编程方式读取 SM 特殊寄存器，读取诊断信息。

在模块地址对比方面，S7-200 PLC 的模块地址是连续的，比如 224CPU，CPU 本体集成的开关量是 I0.0 到 I1.5 截止，之后再配置开关量扩展模块的话，它的 I/O 地址是 2.0 开始。但是 S7-200 SMART PLC CPU 本体的起始地址是从 I0.0 和 Q0.0 开始的，如果扩展一个开关量扩展模块，那么这个扩展模块不再从 2.0 开始，而是从 8.0、12.0、16.0、20.0 开始，具体地址取决于模板安装的位置，而且地址是固定的，不再连续。S7-200 SMART 的信号板扩展模块不像 S7-200 那样即插即用，而是必须要组态，而且 IO 地址不再连续，模拟量地址不从 0 开始。

S7-200 SMART 相对于 S7-200 来说取消了 RUN/STIOP 拨码开关，所以 S7-200 SMART 需要通过编程软件操作 CPU 的启动与停止。在"PLC"菜单栏中有个"操作"框，"操作"框中有"RUN"和"STOP"两个按钮，可以通过这两个按钮操作 CPU 的启动与停止。需要特别注意的是，在 STEP 7 Micro/WIN SMART 软件的系统块设置的最下方有一个"启动"选项，在调试完程序后，必须选择将 CPU 启动后的模式设置为"RUN"模式，如果将 CPU 启动后的模式设置为"STOP"或"LAST"模式，则有可能 CPU 上电后运行不了。

S7-200 SMART 不支持 NPN，差分输出。

**4. 指令差异**

在指令方面，STEP 7 Micro/WIN 和 STEP 7 Micro/WIN SMART 的相似度高达 97.8%，也就是说 S7-200 的指令和 S7-200 SMART 的指令几乎是相同的，区别在于以下几点：

1）S7-200 SMART 不再支持网络读写指令，即之前的 PPI 网络读写指令在 S7-200 SMART 指令中已经取消，S7-200 SMART 提供了"PUT"和"GET"指令，用来替代网络读写指令。

2）PLS 指令在控制字节以及脉冲控制的原理上有所差距。

3）在上升沿个数和下降沿个数上，S7-200 SMART 做了升级，上升沿和下降沿的总和是 512，而 S7-200 的总和是 256 个。

综上关于 S7-200 SMART 和 S7-200 软件和硬件的比较，我们可以发现 S7-200 移植到 S7-200 SMART 并不是难题。

**编程示例**

假设项目中使用的是 224 CPU 加一个 EM235 的模拟量扩展模块，那么它将如何被升级到 S7-200 SMART 项目中呢？在这个项目中可以采用 SR20 CPU 加一个 AM06 的 4 通道 2 输出的模拟量输出模块进行替代。

首先要调整接线图，根据实际修改接线；然后用 STEP 7 Micro/WIN SMART 软件直接打开原有程序，只需要做以下的简单调整即可。

（1）硬件组态

如图 28-2 所示，在系统块中组态 AM06 模块时，在组态界面中选择模拟量模块的通道类型是电压测量还是电流测量，以及测量范围。

（2）设置断电保持

在 S7-200 PLC 的 STEP 7 Micro/WIN 软件中默认的 V 区都是断电保持的，但是在 S7-200 SMART 中断电保持的保持范围默认都是不保持的，所以在保持设置方面两个软件是有差距的。在 STEP 7 Micro/WIN SMART 软件中要根据自己的实际需求修改断电保持的范围，只要设置了保持范围即为永久保持，如图 28-3 所示。

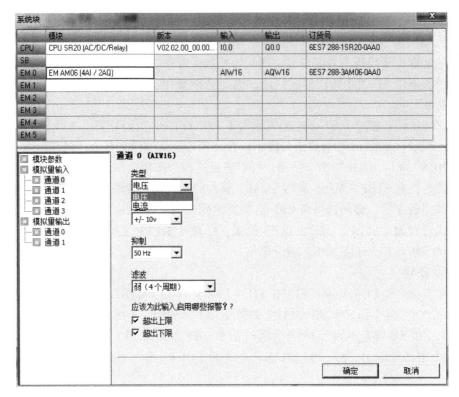

图 28-2　系统块组态

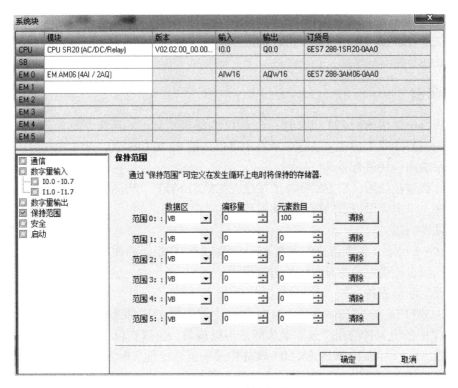

图 28-3　设置断电保持

（3）设置 CPU 启动类型

在调试完程序后，必须选择将 CPU 启动后的模式设置为"RUN"模式，如图 28-4 所示。

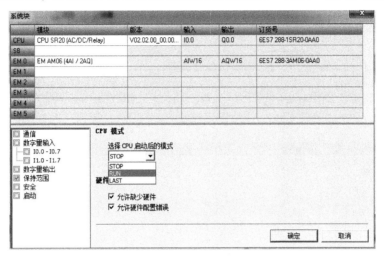

图 28-4　设置 CPU 启动类型

（4）IO 地址替换

因为 S7-200 SMART 的 IO 地址不再从 AIW0 开始，所以在打开 S7-200 源程序后，首先需要对原有的 IO 地址进行符号名定义。如图 28-5 所示，用 STEP 7 Micro/WIN SMART 软件打开用 STEP 7 Micro/WIN 软件创建的项目，重新进行符号名定义。

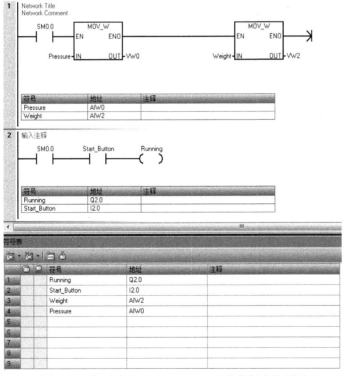

图 28-5　打开用 STEP 7 Micro/WIN 软件创建的项目

重新定义后，将符号表中对应的 I/O 地址进行替换，比如将"Pressure"从"AIW0"修改为"AIW16"，将"Weight"从"AIW2"修改为"AIW18"，修改后原有的程序将会自动变化 I/O 地址，如图 28-6 所示。

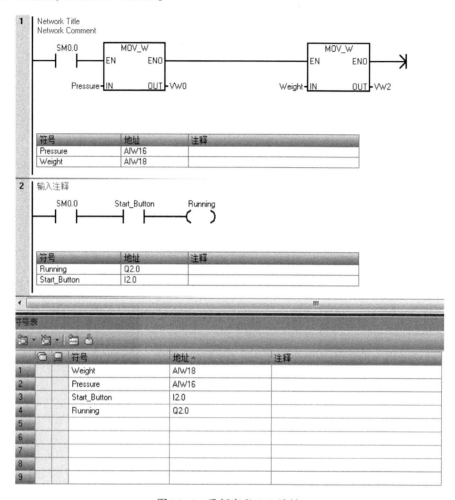

图 28-6　重新定义 I/O 地址

至此整个程序移植完毕。所以 S7-200 PLC 的项目移植为 S7-200 SMART 是很简单的，但是重点在于系统块，系统块要做以下几项调整：硬件组态、断电保持，以及 CPU 的启动模式。

# 项目 29  S7-200 SMART 自由口通信模式的应用

## 项目要求

实现 S7-200 SMART 的自由口通信。

## 项目分析

S7-200 SMART 除了支持以太网通信，还可以通过 UPS 上或信号板上的 RS-485 接口实现串口通信，支持的串口协议包括：自由口协议、USS 协议、Modbus 协议和 PPI。Micro/WIN SMART 软件安装时自动集成串口通信所需要的功能块和子程序。自由口通信有以下特点：

（1）RS-485 为半双工接口，发送和接收不可同时进行。

（2）支持 1.2~115.2 Kbit/s 通信速率。

（3）支持 1 个起始位，7~8 个数据位，1 个停止位。

（4）可以设置一个检验位。

（5）CPU 集成通信口、扩展 SB 均支持自由口通信。

（6）通信功能完全由用户程序控制，通信协议完全由用户编写。

（7）自由口通信时，发送和接收是以字节为单位进行的。

自由口通信的组态步骤分为三步，设置端口、使用 XMT 指令和使用 RCV 指令。下面逐一介绍。

### 1. 设置端口

自由口通信的基本参数是通过系统存储器来设置的，端口 0 和端口 1 分别通过 SMB30/SMB130 设置自由口通信的校验位、数据位、波特率和协议等，其含义如图 29-1 所示。下面以端口 0 的设置为例说明其参数设置，SMB30 的 8 位数据中最低两位表示协议选择，"01"表示自由口协议；第 2~4 位表示波特率，"010"表示波特率为 9600；第 5 位表示数据位，"0"表示 8 位数据；第 6 和第 7 位表示校验位，"10"表示无校验。

### 2. 使用 XMT 指令

XMT 指令用于对单个字符或多个字符缓冲区执行发送操作，如图 29-2 所示，XMT 指令的 TBL 参数用于指定发送缓冲区，其格式如图 29-3 所示。其中首字节①指明要发送到字节，后续字节②为消息字符，最多为 255 个字符。PORT 参数用于指定端口号。

如果连接中断子程序到发送完成事件，CPU 将在发送完缓冲区内的最后一个字符生成一个中断（对于端口 0 为中断事件 9，端口 1 为中断事件 26）。也可以不使用中断，而通过监视 SM4.5 或 SM4.6 用信号表示发送完成，例如向打印机发送消息等。将字符数设为零，然后执行发送指令，这样可产生 BREAK 状态。这样产生的 BREAK 状态，在线上会持续以当前波特率发送 16 位数据所需要的时间。发送 BREAK 的操作与发送任何其他消息的操作

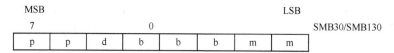

图 29-1　自由端口控制字节

是相同的。BREAK 发送完成时，会生成发送中断，并且 SM4.5 或 SM4.6 会指示发送操作的当前状态。

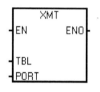

图 29-2　发送指令

图 29-3　发送缓冲区格式

### 3. 使用 RCV 指令

RCV 指令用于从单个字符或多个字符缓冲区执行接收操作，如图 29-4 所示，RCV 指令的 TBL 参数用于指定接收缓冲区，其格式如图 29-5 所示。其中首字节①表示接收到的字节数（字节字段），字节②表示起始字符，字节③表示中间数据，字节④表示结束字符，字节⑤表示消息字符。PORT 参数用于指定端口号。

图 29-4　发送指令

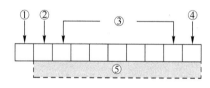

图 29-5　接收缓冲区格式

如果中断例程连接到接收消息完成事件，CPU 会在接收完缓冲区的最后一个字符后生成中断（对于端口 0 为中断事件 23，对于端口 1 为中断事件 24）。也可以不使用中断，而通过监视 SMB86（端口 0）或 SMB186（端口 1）来接收消息。如果接收指令未激活或已终止，该字节不为零。正在接收时，该字节为零。接收指令允许选择消息开始和结束条件，对于端

104

口 0 使用 SMB86 到 SMB94，对于端口 1 使用 SMB186 到 SMB194。如果出现组帧错误、奇偶校验错误、超限错误或断开错误，则接收消息功能将自动终止。必须定义开始条件和结束条件（最大字符数），这样接收消息功能才能运行。

接收指令支持的消息开始条件如下：

（1）空闲线检测。

（2）起始字符检测。

（3）空闲线和起始字符。

（4）断开检测。

（5）断开和起始字符。

（6）任意字符。

接收指令支持的消息终止条件如下：

（1）起始字符检测。

（2）字符间定时器。

（3）消息定时器。

（4）最大字符计数。

（5）奇偶校验错误。

（6）用户终止。

SMB87/187 是自由口通信控制字，起始和结束条件是通过它定义的，SMW94/194 是最大传输字符限制。

## 编程示例

要求通过串口通信信号板与 Windows 操作系统的集成软件"超级终端"通信，使用自由口协议发送和接收数据。按照图 29-6 所示方式连接计算机和信号板。

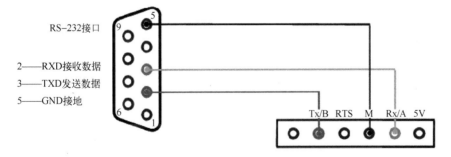

图 29-6　计算机和信号板接线方式

### 1. 设置参数

启动 STEP 7 Micro/WIN SMART 软件，右键单击项目树中的"CPU"，选择打开。在打开的系统块中选择 CPU 类型为"CPU ST40（DC/DC/DC）"，信号板类型为"SB CM01（RS485/RS232）"，串口类型为"RS232"，地址为"2"，波特率设为"9600"，如图 29-7 所示。

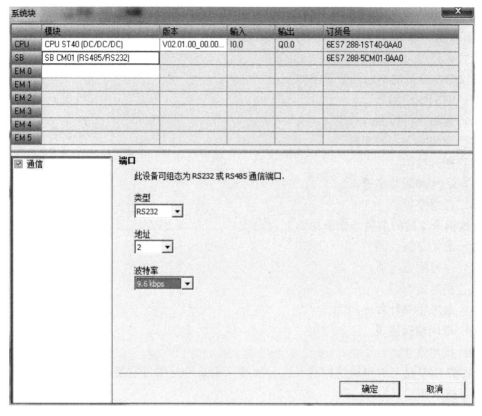

图 29-7　CPU 参数设置对话框

## 2. 编写发送程序

发送程序包含两个程序段，其中程序段 1 用来设置自由口通信的校验位、数据位、波特率和协议，程序段 2 用来设定发送缓冲区及端口号。程序及注释如图 29-8 所示。

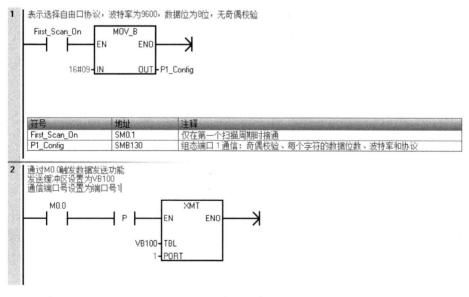

图 29-8　发送程序及注释

### 3. 设置超级终端

打开超级终端，不设置位置信息，输入连接名称"test"，选择连接的接口为"COM1"，如图 29-9 所示。

端口属性设置如图 29-10 所示。

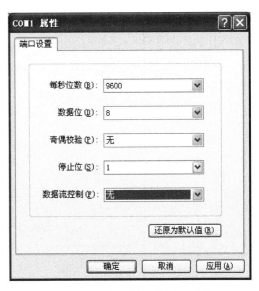

图 29-9　超级终端设置对话框　　　　　图 29-10　端口属性设置对话框

下面设置超级终端的属性，如图 29-11 所示，在设置属性卡中单击"ASCII 码设置按钮"，勾选"本地回显键入的字符"，单击"确定"按钮，至此超级终端设置完毕。

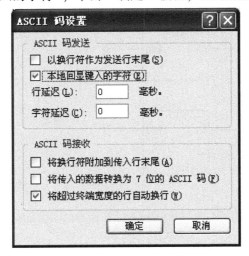

图 29-11　超级端口属性对话框

### 4. 编写接收程序

编写接收程序并进行初始化自由口、设置自由口通信控制字、设置接收结束条件、设置接收起始条件、设置接收端口等操作。程序及注释如图 29-12 所示。

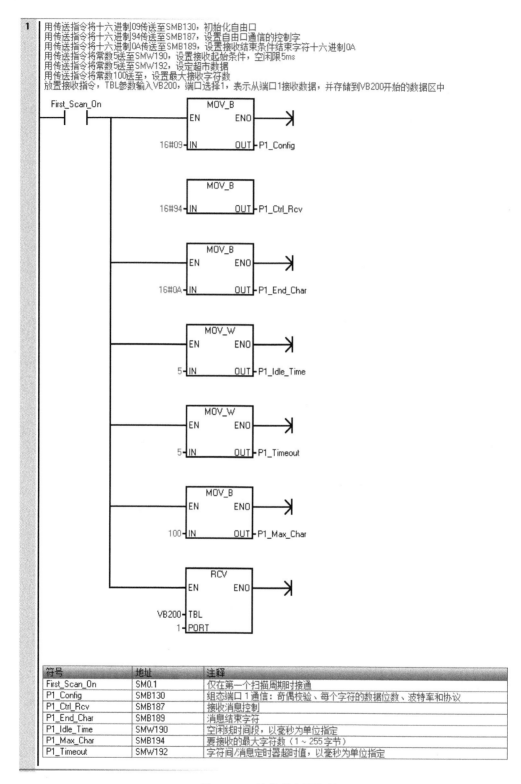

1

用传送指令将十六进制09传送至SMB130，初始化自由口
用传送指令将十六进制94传送至SMB187，设置自由口通信的控制字
用传送指令将十六进制0A传送至SMB189，设置接收结束条件结束字符十六进制0A
用传送指令将常数5送至SMW190，设置接收起始条件，空闲限5ms
用传送指令将常数5送至SMW192，设定超市数据
用传送指令将常数100送至，设置最大接收字符数
放置接收指令，TBL参数输入VB200，端口选择1，表示从端口1接收数据，并存储到VB200开始的数据区中

First_Scan_On

| MOV_B | |
|---|---|
| EN | ENO |
| 16#09—IN | OUT—P1_Config |

| MOV_B | |
|---|---|
| EN | ENO |
| 16#94—IN | OUT—P1_Ctrl_Rcv |

| MOV_B | |
|---|---|
| EN | ENO |
| 16#0A—IN | OUT—P1_End_Char |

| MOV_W | |
|---|---|
| EN | ENO |
| 5—IN | OUT—P1_Idle_Time |

| MOV_W | |
|---|---|
| EN | ENO |
| 5—IN | OUT—P1_Timeout |

| MOV_B | |
|---|---|
| EN | ENO |
| 100—IN | OUT—P1_Max_Char |

| RCV | |
|---|---|
| EN | ENO |
| VB200—TBL | |
| 1—PORT | |

| 符号 | 地址 | 注释 |
|---|---|---|
| First_Scan_On | SM0.1 | 仅在第一个扫描周期时接通 |
| P1_Config | SMB130 | 组态端口1通信：奇偶校验、每个字符的数据位数、波特率和协议 |
| P1_Ctrl_Rcv | SMB187 | 接收消息控制 |
| P1_End_Char | SMB189 | 消息结束字符 |
| P1_Idle_Time | SMW190 | 空闲线时间段，以毫秒为单位指定 |
| P1_Max_Char | SMB194 | 要接收的最大字符数（1～255字节） |
| P1_Timeout | SMW192 | 字符间/消息定时器超时值，以毫秒为单位指定 |

图 29-12　接收程序及注释

# 项目 30  使用 PID 回路控制

## 项目要求

利用 PID 向导编写程序，使温度保持在给定值，并对 PID 参数进行整定。

## 项目分析

PID 控制器是应用最广泛的闭环控制器，它根据给定值与被控变量实测值之间的偏差按照 PID 算法计算出控制器的输出量，控制执行机构进行调节，使被控量跟随给定量变化，并使系统达到稳定，自动消除各种干扰对控制过程的影响。其中，P、I、D 分别指比例、积分和微分，在 S7-200 SMART 中 PID 控制功能通过 PID 指令实现。STEP 7 Micro/WIN SMART 提供了 PID 向导，可以帮助用户组态 PID 控制和生成 PID 子程序，方便快捷地完成 PID 控制编程控制。S7-200 SMART 的 CPU 支持 8 路 PID 功能，支持手动/自动切换；支持 PID 自整定。STEP 7 Micro/WIN SMART 还提供了 PID 整定控制面板，允许以图形方式监视 PID 回路行为，还可以启动停止自整定功能。

控制系统闭环控制典型回路如图 30-1 所示，其中 $r(t)$ 为给定值，$z(t)$ 为测量获得的实际值，$u(t)$ 为控制器输出值。

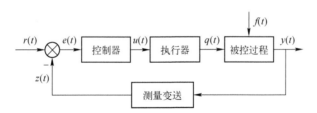

图 30-1   闭环控制典型回路示意图

本次试验设备中，利用温度变送器，将 0~100℃ 的温度转换为 0~10 V 的电压信号，送到扩展模块 EM AM06 的模拟量输入通道 2。加热器用 Q1.6 输出的 PWM 脉冲来控制。需要说明的是，EM AM06 将模拟量输入 0~10 V 电压信号转换为数字量，对应数值范围为 "0~27648"，传送到 S7-200 SMART CPU AI 存储器中。

## 编程示例

### 1. 硬件组态

打开 STEP 7 Micro/WIN SMART，创建新项目后，在项目树中双击 "CPU"，在打开的系统块对话框中选择 CPU 类型为 "CPU SR40( AC/DC/Relay)"，扩展模块 EM 选择 "EM AM06(4AI/2AQ)"，启用模块电源报警，如图 30-2 所示。

接下来单击模拟量节点下的 "通道 2"，通道地址为 AIW20，类型组态为 "电压"，范

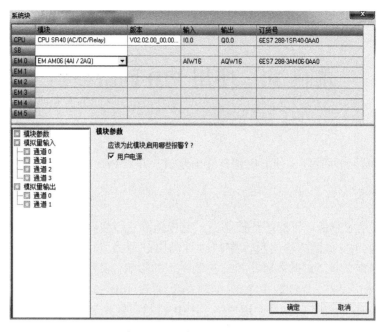

图 30-2　系统块组态对话框

围选择"+/-10 V"，平滑选用默认的 4 个周期，启用"超出上/下限报警"，具体情况如图 30-3 所示。

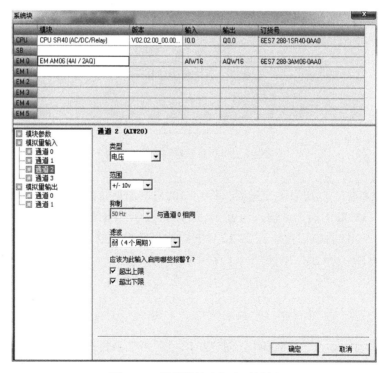

图 30-3　模拟量输入组态对话框

单击"确认"按钮完成硬件组态。

## 2. 配置 PID 向导

（1）设置回路名称

在"工具"菜单功能区单击"PID"按钮，打开"PID 回路向导"对话框，选择要组态的回路，最多可组态 8 个回路，这里选择"回路 0"，在左侧的树视图中单击"回路 0"节点，选择默认的回路名称"Loop 0"，如图 30-4 所示。

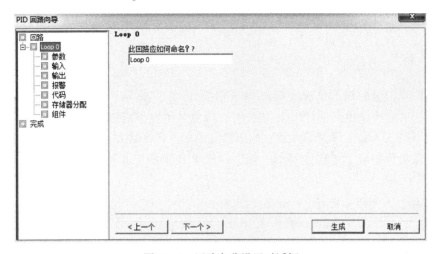

图 30-4　回路名称设置对话框

（2）设置回路参数

单击"参数"节点，在此设置回路参数，如果不需要比例作用，增益设置为"0.0"，如果不需要积分作用，积分时间设置为无穷大值"mf"，如果不需要微分作用，微分时间设置为"0.0"，采样时间是 PID 控制回路对反馈采样以及重新计算输出值的时间间隔。这里的参数配置均采用默认值，后面在实验中自整定，参数设置如图 30-5 所示。

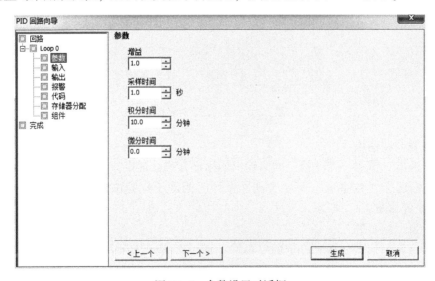

图 30-5　参数设置对话框

参数表地址的符号名已经由向导指定。PID 向导生成的代码使用相对于参数表中的地址的偏移量建立操作数。如果为参数表地址建立了符号名，然后又改变为该符号指定的地址，由 PID 向导生成的代码则不再能够正确执行。

（3）设置回路输入

单击"输入"节点，在此指定回路过程变量的标定方式，标定方式有如下几种：

① 单极性（默认范围：0~27648；可编辑）。

② 双极性（默认范围：-27648~27648；可编辑）。

③ 单极性 20% 偏移量（范围：5530~27648；已设定，不可变更）。

④ 温度 x 10℃。

⑤ 温度 x 10℉。

根据 y 阶模拟量的输入情况类型选择"单极"。在"标定"选项中设置过程变量范围"0~27648"，对应回路设定值"0.0~100.0"，该值是给定值占过程变量量程范围的百分比，在本例中也可以认为是工程量温度值。回路设定值的下限必须对应于过程变量的下限，回路设定值的上限必须对应于过程变量的上限，以便 PID 算法能正确按比例缩放。具体输入设置如图 30-6 所示。

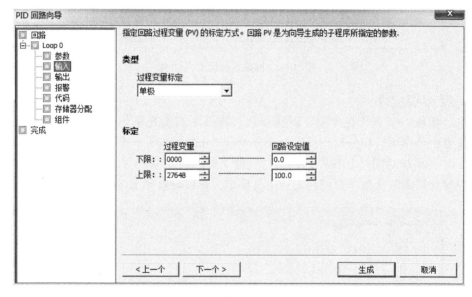

图 30-6　输入设置对话框

（4）设置回路输出

单击"输出"节点，在此指定回路输出的标定方式，标定方式有数字量和模拟量两种。在此我们选择"数字量"标定方式。循环时间即 PWM 输出的周期采用默认值"0.1秒"，具体设置如图 30-7 所示。

（5）设置回路报警

单击"报警"节点，在此设定回路报警选项。启用"上限报警、下限报警、模拟量输入报警"，指定上下限报警限值，以百分比表示，以及模拟量输入模块连接到 PLC 的具体位置，在此都选择默认值，如图 30-8 所示。

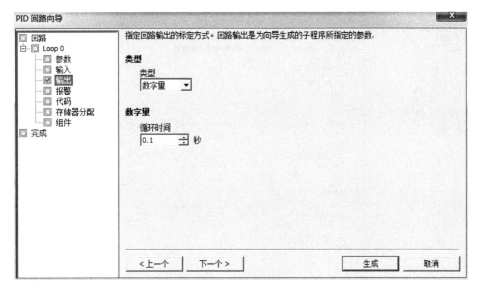

图 30-7　输出设置对话框

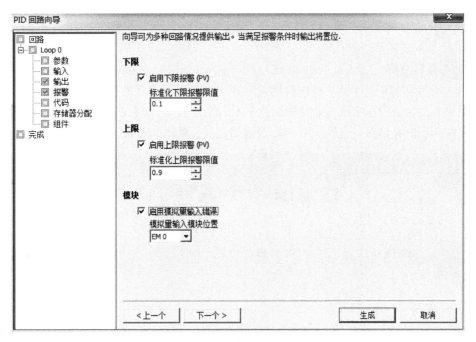

图 30-8　报警设置对话框

（6）组态子例程和中断

单击"代码"节点，自定义向导生成的子程序和中断程序名称，选择默认名称。选择"添加 PID 的手动控制"，当处于手动模式时，不执行 PID 计算，并且回路输出在程序控制下。当 PID 位于手动模式时，应当通过向"手动输出"参数写入一个标准化数值（0.00 至 1.00）的方法控制输出，而不是用直接更改输出的方法控制输出。这样会在 PID 返回自动模式时自动提供无扰动转换。具体设置如图 30-9 所示。

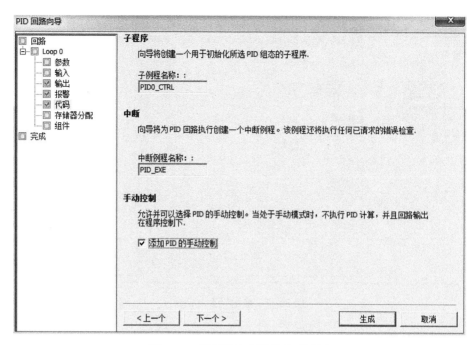

图 30-9　子例程和中断组态对话框

（7）存储器分配

单击"存储器分配"节点，PID 向导为完成 PID 运算需要 120 字节的 V 存储器，为其指定起始地址，要保证程序中没有重复使用这些存储器，单击"建议"按钮，向导将自动设定当前程序中未用的存储器，这里采用 VB0 为起始地址，具体设置如图 30-10 所示。

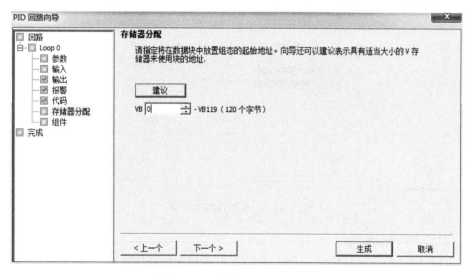

图 30-10　存储器分配对话框

（8）生成 PID 项目组件

单击"组件"节点，在此列出了 PID 向导生成的项目组件，包括一个初始化 PID 的子程序"PID0_CTRL"，一个用于循环执行 PID 功能的中断程序"PID0_EXE"，一个 120 字节的数据页"PID0_DATA",以及一个符号表"PID0_SYM"。如图 30-11 所示。

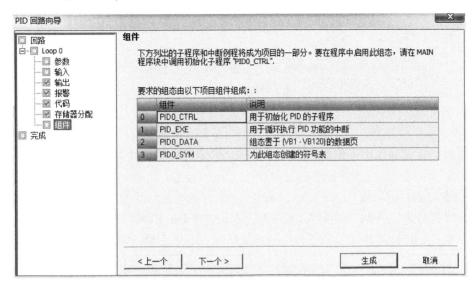

图 30-11 PID 项目组件对话框

单击"生成"按钮,完成 PID 向导配置。向导生成的项目组件添加到了项目中。

**3. 查看向导生成的项目组件**

(1) 查看 PID 初始化子程序

在项目树中展开"程序块"下的"向导"文件夹,双击"PID0_CTRL"打开。该子程序是加密的,如图 30-12 所示,可以查看相关的子程序调用说明,以及变量表列出的子程序接口参数定义,编程定义时可参考。

| | 地址 | 符号 | 变量类型 | 数据类型 | 注释 |
|---|---|---|---|---|---|
| 1 | | EN | IN | BOOL | |
| 2 | LW0 | PV_I | IN | INT | 过程变量输入:范围 0 到 27648 |
| 3 | LD2 | Setpoint_R | IN | REAL | 设定值输入:范围 0.0 到 100.0 |
| 4 | L6.0 | Auto_Manual | IN | BOOL | 自动或手动模式(0 = 手动模式,1 = 自动模... |
| 5 | LD7 | ManualOutput | IN | REAL | 手动模式下所需的回路输出:范围 0.0 到 1.0 |
| 6 | | | IN | | |
| 7 | | | IN_OUT | | |
| 8 | L11.0 | Output | OUT | BOOL | PWM 输出:以秒为单位的周期时间(周期... |
| 9 | L11.1 | HighAlarm | OUT | BOOL | 过程变量 (PV) 大于上限报警阀值 (0.90) |
| 10 | L11.2 | LowAlarm | OUT | BOOL | 过程变量 (PV) 小于下限报警阀值 (0.10) |
| 11 | L11.3 | ModuleErr | OUT | BOOL | 位置 0 处的模拟量模块出错。 |
| 12 | | | OUT | | |
| 13 | LD12 | Tmp_DI | TEMP | DWORD | |
| 14 | LD16 | Tmp_R | TEMP | REAL | |
| 15 | LD20 | Tmp_Timer | TEMP | DWORD | |
| 16 | | | TEMP | | |

图 30-12 PID 初始化子程序信息

（2）查看 PID 中断子程序

在项目树中展开"程序块"下的"向导"文件夹，双击"PID0_EXE"打开，如图 30-13 所示，该中断子程序也是加密的。

图 30-13　PID 中断子程序信息

请注意 PID 向导使用了定时中断 0，编程时不能再使用此中断，否则会引起 PID 运行错误。

（3）查看 PID 符号表

展开"符号表"下的"向导"文件夹，双击"PID0_SYM"打开，如图 30-14 所示。在此可以查看 PID 回路相关参数的符号及地址信息，不可更改，编程时可参考。

符号表

| | | | 符号 | 地址 | 注释 |
|---|---|---|---|---|---|
| 1 | | | PID0_Low_Alarm | VD116 | 下限报警限值 |
| 2 | | | PID0_High_Alarm | VD112 | 上限报警限值 |
| 3 | | | PID0_Output_D | VD87 | |
| 4 | | | PID0_Dig_Timer | VD83 | |
| 5 | | | PID0_Mode | V82.0 | |
| 6 | | | PID0_WS | VB82 | |
| 7 | | | PID0_D_Counter | VW80 | |
| 8 | | | PID0_D_Time | VD24 | 微分时间 |
| 9 | | | PID0_I_Time | VD20 | 积分时间 |
| 10 | | | PID0_SampleTime | VD16 | 采样时间（要进行修改，请重新运行 PID 向... |
| 11 | | | PID0_Gain | VD12 | 回路增益 |
| 12 | | | PID0_Output | VD8 | 计算得出的标准化回路输出 |
| 13 | | | PID0_SP | VD4 | 标准化过程设定值 |
| 14 | | | PID0_PV | VD0 | 标准化过程变量 |
| 15 | | | PID0_Table | VB0 | PID 0 的回路表起始地址 |

图 30-14　PID 符号表信息

（4）查看 PID 数据页

展开"数据块"下的"向导"文件夹，双击"PID0_DATA"打开，如图 30-15 所示，该数据页是加密的，在此可以查看 PID 回路的 PID 算法相关参数。

**4. 调用向导生成的子程序编程**

在指令树中展开"调用子例程"文件夹，选择"PID0_CTRL"，将其拖放到主程序中，该子程序有多个接口参数。切换到该子程序窗口，程序注释中指出，需要在每个扫描周期使用 SM0.0 从 MAIN 程序块中调用该子程序，同时变量表中给出有关接口参数的含义和取值范围。该子程序在使用时，"Auto_Manual"布尔输入必须处于"开启"状态才能实现自动模式控制，处于"关闭"状态才能实现手动模式控制。PID 处于手动模式时，通过以下方式控制 PIDx_CTRL 指令的"输出"：向"ManualOutput"输入写入标准化实数值（0.00 至 1.00），同时使"输出"介于在向导中指定的"输出"值范围内。

```
数据块
//-------------------------------------------------------------------
//以下由 S7-200 指令向导 PID 公式生成.
//PID 0 的参数表.
//-------------------------------------------------------------------
PID0_PV:VD0      0.0                //过程变量
PID0_SP:VD4      0.0                //回路设定值
PID0_Output:VD8  0.0                //计算得出的回路输出
PID0_Gain:VD12   1.0                //回路增益
PID0_SampleTime:VD16 1.0            //采样时间
PID0_I_Time:VD20 10.0               //积分时间
PID0_D_Time:VD24 0.0                //微分时间
VD28             0.0                //积分和或偏置
VD32             0.0                //上次执行时存储的过程变量值.
VB36             'PIDA'             //扩展回路表标记
VB40             16#00              //算法控制字节
VB41             16#00              //算法状态字节
VB42             16#00              //算法结果字节
VB43             16#03              //算法组态字节
VD44             0.08               //偏差值通过 "高级" 按钮设置或设置为默认值
VD48             0.02               //滞后值通过 "高级" 按钮设置或设置为默认值
VD52             0.1                //初始输出步值通过 "高级" 按钮设置或设置为默认值
VD56             7200.0             //看门狗超时值通过 "高级" 按钮设置或设置为默认值
VD60             0.0                //增益值由自动整定算法决定
VD64             0.0                //积分时间值由自动整定算法决定
VD68             0.0                //偏差值由自动整定算法决定
VD72             0.0                //设置自动计算选项时, 偏差值通过算法计算
VD76             0.0                //设置自动计算选项时, 滞后值通过算法计算
PID0_High_Alarm:VD112 0.9          //上限报警限值
PID0_Low_Alarm:VD116  0.1          //下限报警限值
```

图 30-15　PID 数据页信息

编写如图 30-16 所示程序。

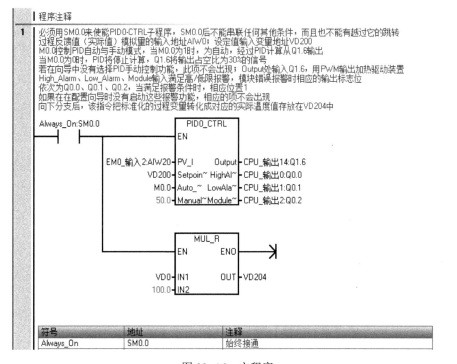

图 30-16　主程序

至此通过调用 PID 向导生成的子程序使温度保持在给定值的程序编写完成。

## 5. PID 整定控制面板

S7-200 SMART CPU 支持 PID 自整定功能，在 STEP 7-Micro/WIN SMART 中可以用图形方式监视 PID 回路的运行。要使用 PID 控制面板必须与 CPU 通信用 PID 向导配置生成一个 PID 回路。

可以根据工艺要求为调节回路选择快速响应、中速响应、慢速响应或极慢速响应。PID 自整定会根据响应类型而计算出最优化的比例、积分、微分值，并可应用到控制中。

在 STEP 7-Micro/WIN SMART 在线的情况下，单击菜单"工具"→"PID 控制面板"打开该工具，如图 30-17 所示。

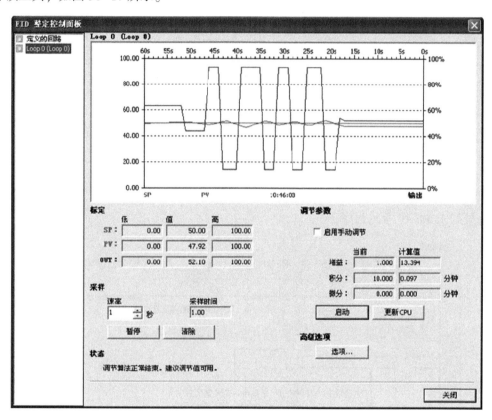

图 30-17    PID 控制面板

如图 30-17 所示，左侧可以选择标定号。PID 控制面板包含以下字段。

① 标定：标定区域显示 SP（设定值）、PV（过程变量）、OUT（输出）、"采样时间"、"增益"、积分时间和微分时间的值。SP、PV 和 OUT 分别以绿色、红色和蓝色显示；使用相同颜色的图例来标明 PV、SP 和 OUT 的值。

② 图形显示区：图形显示区中用不同的颜色显示了 PV、SP 和输出值相对于时间的 PID 趋势图。PV 和 SP 共用图形左侧纵轴，输出使用图形右侧的纵轴。

③ 调节参数：在"调节参数"区域显示"增益""积分时间"和"微分时间"的值。选择"启用手动调节"后，可以直接在"计算值"列中单击，对这些值的三个源中任意一个源进行修改。

④ "启动""更新 CPU"按钮：可以使用"更新 CPU"按钮将所显示的"增益""积分

时间"和"微分时间"值传送到被监视的 PID 回路的 CPU。在自动模式下，可以单击"启动"按钮启动自整定序列。自整定完成后，单击"更新 CPU"按钮，将自整定计算出的 PID 参数写入到 CPU 中。一旦自整定序列启动，"启动"按钮将变为"停止"按钮。

⑤ 采样：在"采样"区域中，"采样时间"是执行 PID 运算的时间间隔，只能在 PID 向导中更改。"速率"设置图形显示区所有采样值的显示更新速率。

⑥ "暂停""清除"按钮：可以单击"暂停"按钮冻结图形，可单击"继续"按钮以选定的速率重新启动数据采样，单击"清除"按钮清除图形。

⑦ 状态：该区域显示 PID 自整定状态。

⑧ 高级选项：单击"选项"按钮打开自整定参数设置的高级对话框，如图 30-18 所示。

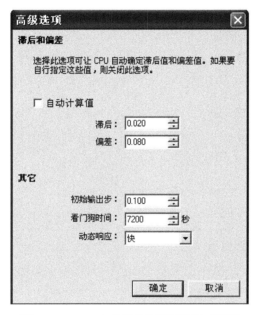

图 30-18　PID 自整定参数高级设置对话框

选中"自动计算值"复选框，自整定器将自动计算滞后值和偏差值，不选中此项可自行指定这些值；"滞后"规定了允许过程值偏离设定值的最大（正负）范围；"偏差"决定了允许过程值偏离设定值的峰–峰值；"初始输出步"就是输出变化的第一步变化量，以占实际输出量程的百分比表示；"看门狗时间"规定过程变量必须在此时间（时基为秒）内达到或穿越设定值；"动态响应"字段中可使用下拉按钮选择希望在控制过程中使用的回路响应类型（"快速""中速""慢速"或"极慢速"）。快速响应可能产生过调，并符合欠阻尼整定条件，具体取决于控制过程；中速响应可能濒临过调，并符合临界阻尼整定条件；慢速响应不会导致过调，符合强衰减整定条件；极慢速响应不会导致过调，符合强过阻尼整定条件。为了最大限度地减小自整定过程中对控制过程的干扰，您也可以自己输入这些值。

**6. PID 自整定**

在手动将 PID 调节到稳定状态后，即过程值（实际值）与设定值接近，且输出没有不规律的变化，并最好处于控制范围中心附近。此时可将手动调节更改为自动调节，单击图 27-15 中"启动"按钮，启动 PID 自整定功能，按钮变为"停止"。这时只需耐心等待，系统完成自整定后会自动将计算出的 PID 参数显示出来。当按钮再次变为"启动"时，表示系统已经完成了 PID 自整定。

单击"更新 CPU"按钮，将 PID 自整定参数应用到 PLC 中。

完成 PID 调整后，最好下载一次整个项目（包括数据块），使新参数保存到 CPU 的 EE-PROM 中。

# 项目 31  S7-200 SMART Modbus RTU 通信

## 项目要求

（1）Modbus 主站读取 Modbus 从站 DI 通道 I0.0 开始的 16 位值。

（2）Modbus 主站向 Modbus 从站前 5 个保持寄存器写入数据。

## 项目分析

### 1. Modbus RTU 通信概述

（1）Modbus RTU 库概述

Modbus 通信协议是 Modicon 公司提出的一种报文传输协议，广泛应用于工业控制领域，并已经成为一种通用的行业标准。不同厂商提供的控制设置可通过 Modbus 协议连成通信网络，从而实现集中控制。

STEP 7-Micro/WIN SMART 包括 Siemens Modbus RTU 库。Modbus RTU 库包括预组态子例程和中断例程，这些例程能够使与 Modbus RTU 主站和从站设备的通信更为简单。

STEP 7-Micro/WIN SMART 支持主站和从站设备均通过 RS-485（集成端口 0 和可选信号板端口 1）和 RS-232（仅限可选信号板端口 1）进行 Modbus 通信。

Modbus RTU 主站指令可组态 S7-200 SMART，使其作为 Modbus RTU 主站设备运行并与一个或多个 Modbus RTU 从站设备通信。最多可以配置 2 个 Modbus RTU 主站。

Modbus RTU 从站指令可用于组态 S7-200 SMART，使其作为 Modbus RTU 从站设备运行并与 Modbus RTU 主站设备进行通信。

在项目树的"指令"文件夹中打开"库"文件夹，访问 Modbus 指令。向程序中加入 Modbus 指令时，STEP 7-Micro/WIN SMART 会向项目中添加一个或多个相关联的 POU。另外只可从主程序或中断例程中调用库函数，但不可同时从这两个程序中调用。

（2）使用 Modbus 指令的要求

1）Modbus 主站指令要求使用以下 CPU 资源：

① 执行 MBUS_CTRL/MB_CTRL2 指令会初始化 Modbus 主站协议，并使分配的 CPU 端口（0 或）专用于 Modbus 主站通信。当 CPU 端口用于 Modbus 通信时，无法再将其用于任何其他用途，包括与 HMI 的通信。

② 对于由 MBUS_CTRL/MB_CTRL2 指令分配的端口，其上所有与自由端口通信相关联的 SM 位置都会受到 Modbus 主站指令的影响。

③ Modbus 主站指令使用中断执行某些功能，用户程序不得禁用这些中断。

④ Modbus 主站指令程序大小：

● 3 个子例程和 1 个中断例程。

● 1942 字节的程序空间，用于存储两个主站指令和支持例程。

● Modbus 主站指令的变量需要 286 字节的 V 存储器块。必须使用 STEP 7-Micro/WIN

SMART 中的库存储器命令为该块分配起始地址。该命令位于项目树中"程序块"节点下的"库"节点的快捷存储器中，或在"文件"菜单功能区的"库"部分。

2）Modbus 从站协议指令要求使用以下 CPU 资源：

① 执行 MBUS_INIT 指令会初始化 Modbus 从站协议，并使分配的 CPU 端口（0 或 1）专用于 Modbus 从站通信。当 CPU 端口用于 Modbus 通信时，无法再将其用于任何其他用途，包括与 MI 的通信。

② Modbus 从站指令会影响所有与由 MBUS_INIT 指令分配的端口上的自由端口通信相关联的 SM 位置。

③ Modbus 从站指令程序大小：

- 3 个子例程和 2 个中断例程。
- 2113 字节的程序空间，用于存储两个从站指令和支持例程。
- Modbus 从站指令的变量需要 786 字节的 V 存储器块。必须使用 STEP 7-Micro/WIN SMART 中的库存储器命令为该块分配起始地址。该命令位于项目树中"程序块"节点下的"库"节点的快捷存储器中，或在"文件"菜单功能区的"库"部分。

（3）0Modbus 协议的初始化和执行时间

1）Modbus RTU 主站协议

主站协议在每次扫描时都需要少量时间来执行 MBUS_CTRL 指令。MBUS_CTRL 初始化 Modbus 主站（首次扫描）时该时间约为 0.2 ms，在后续扫描时约为 0.1 ms。

MBUS_MSG 指令的执行延长了扫描进间，主要用于计算请求和响应的 Modbus CRC。CRC（循环冗余校验）确保通信消息的完整性。对于请求和响应中的每个字，PLC 扫描时间会延长约 86 μs。最大请求/响应（读取或写入 120 字）使扫描时间延长约 10.3 ms。读请求主要是在程序从从站接收响应时延长扫描时间，在发送请求时扫描时间延长得较少。写请求主要是在将数据发送到从站时延长扫描时间，在接收响应时扫描时间延长得较少。

2）Modbus RTU 从站协议

Modbus 通信使用 CRC（循环冗余校验）确保通信消息的完整性。Modbus 从站协议使用预先计算的数值表来减少处理消息所需的时间。初始化该 CRC 表大约需要 11.3 ms。MBUS_INIT 指令执行该初始化，通常发生在进入运行模式后的首次扫描期间。如果 MBUS_INIT指令和任何其他用户初始化操作所需时间超过了 500 ms 的扫描看门狗时间，则需要复位看门狗定时器。输出模块看门狗定时器通过向模块的输出中执行写入操作来复位。

MBUS_SLAVE 指令在对一个请求提供服务时会延长扫描时间。对于请求和响应中的每个字节，计算其 Modbus CRC 会使扫描时间延长约 40 μs。最大请求/响应（读取或写入 120 字）使扫描时间延长约 4.8 ms。

**2. Modbus RTU 主站**

（1）Modbus RTU 主站指令执行步骤

① 在程序中插入 MBUS_CTRL 指令并在每次扫描时执行。可以使用 MBUS_CTRL 指令启动或更改 Modbus 通信参数。当插入 MBUS_CTRL 指令时，STEP 7-Micro/WIN SMART 会在程序中添加几个受保护的子例程和中断例程。

② 在"文件"菜单功能区的"库"区域中，单击"存储器"按钮，指定 Modbus 库所

需的 V 存储器的起始地址。也可在项目树中右键单击"程序块"节点，并从上下文菜单中选择"库存储器"。

③ 在程序中放置一条或多条 MBUS_MSG 指令。可以根据需要在程序中添加任意数量的 MBUS_MSG 指令，但某一时间只能有一条指令处于激活状态。

④ 用通信电缆连接通过 MBUS_CTRL 端口参数分配的 S7-200 SMART CPU 端口和 Modbus 从站设备。

（2）MBUS_CTRL 指令（初始化主站）

程序调用 MBUS_CTRL 指令来初始化、监视或禁用 Modbus 通信，如图 31-1 所示。必须在每次扫描时（包括首次扫描）调用 MBUS_CTRL 指令，以便其监视 MBUS_MSG 指令启动的任何待处理消息的进程。除非每次扫描时都执行 MBUS_CTRL，否则 Modbus 主站协议将不能正确工作。指令的参数设置如下：

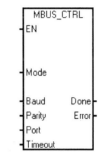

图 31-1　MBUS_CTRL 指令

"EN"输入接通时，在每次扫描时均执行该指令。

参数"Mode"（模式）输入的值用于选择通信协议。输入值为 1 时，将 CPU 端口分配给 Modbus 协议并启用该协议。输入值为 0 时，将 CPU 端口分配给 PPI 系统协议并禁用 Modbus 协议。

参数"Parity"（奇偶校验）应设置为与 Modbus 从站设备的奇偶校验相匹配。所有设置使用一个起始位和一个停止位。允许的值如下：0（无奇偶校验）、1（奇校验）和 2（偶校验）。

参数"Port"（端口）设置物理通信端口（0 = CPU 中集成的 RS-485，1=可选 CM01 信号板上的 RS-485 或 RS-232）。

参数"Timeout"（超时）设为等待从站做出响应的毫秒数。超时值可以设置为 1～32767 ms 之间的任何值。典型值是 1000 ms（1 s）。"Timeout"参数应设置得足够大，以便从站设备有时间在所选的波特率下做出响应。"Timeout"参数用于确定 Modbus 从站设备是否对请求做出响应。"Timeout"值决定着 Modbus 主站设备在发送请求的最后一个字符后等待出现响应的第一个字符的时长。如果在超时时间内至少收到一个响应字符，则 Modbus 主站将接收 Modbus 从站设备的整个响应。

当 MBUS_CTRL 指令完成时，指令将"TURE"（真）返回给"Done"（完成）输出。

"Error"（错误）输出包含指令执行的结果。

MBUS_CTRL 指令支持的操作数和数据类型如表 31-1 所示。

表 31-1　MBUS_CTRL 指令支持的操作数和数据类型

| 输入/输出 | 操　作　数 | 数据类型 |
|---|---|---|
| Mode | I，Q，M，S，SM，T，C，V，L | 布尔 |
| Baud | VD，ID，QD，MD，SD，SMD，LD，AC，Constant，＊VD，＊AC，＊LD | 双字 |
| Parity | VB，IB，QB，MB，SB，SMB，LB，AC，Constant，＊VD，＊AC，＊LD | 字节 |
| Timeout | VW，IW，QW，MW，SW，SMW，LW，AC，Constant，＊VD，＊AC，＊LD | 字 |
| Done | L，Q，M，S，SM，T，C，V，L | 布尔 |
| Error | VB，IB，QB，MB，SB，SMB，LB，AC，＊VD，＊AC，＊LD | 字节 |

MBUS_CTR 错误代码含义如表31-2 所示。

**表 31-2　MBUS_CTR 错误代码含义**

| MBUS_CTR 错误代码 | 说　明 |
|---|---|
| 0 | 无错误 |
| 1 | 奇偶校验类型无效 |
| 2 | 波特率无效 |
| 3 | 超时无效 |
| 4 | 模式无效 |
| 9 | 端口号无效 |
| 10 | 信号板端口 1 缺失或未组态 |

（3）MBUS_MSG 指令

程序调用 MBUS_MSG 指令，启动对 Modbus 从站的请求并处理响应，如图 31-2 所示。指令的参数设置如下：

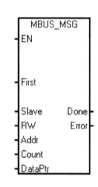

图 31-2　MBUS_MSG 指令

"EN" 输入和"First"输入同时接通时，MBUS_MSG 指令会向 Modbus 从站发起主站请求。发送请求、等待响应和处理响应通常需要多个 PLC 扫描时间。EN 输入必须接通才能启用发送请求，并且必须保持接通状态，直到指令为 Done 位返回接通。某一时间只能有一条 MBUS_MSG 指令处于激活状态。如果程序启用多条 MBUS_MSG 指令，则 CPU 将处理第一条 MBUS_MSG 指令，所有后续 MBUS_MSG 指令将中止并生成错误代码 6。

参数 "Slave"（从站）是 Modbus 从站设备的地址。允许范围为 0~247。地址 0 是广播地址。仅将地址 0 用于写入请求。系统不会响应对地址 0 的广播请求。并非所有从站设备都支持广播地址。S7-200 SMART Modbus 从站库不支持广播地址。

参数 "RW" 指示是读取还是写入该消息。0（读取）和 1（写入）。离散量输出（线圈）和保持寄存器支持读请求和写请求。离散量输入（触点）和输入寄存器仅支持读请求。

参数 "Addr"（地址）是起始 Modbus 地址。S7-200 SMART 支持以下地址范围：

- 对于离散量输出（线圈），为 00001~09999。
- 对于离散量输入（触点），为 10001~19999。
- 对于输入寄存器，为 30001~39999。
- 对于保持寄存器，为 40001~49999 和 400001~465535。

Modbus 从站设备支持的地址决定了 Addr 的实际取值范围。

参数 "Count"（计数）用于分配要在该请求中读取或写入的数据元素数。对于位数据类型，"Count" 是位数，对于字数据类型，则表示字数。

- 对于地址 0xxxx，"Count"（计数）是要读取或写入的位数。
- 对于地址 1xxxx，"Count"（计数）是要读取的位数。
- 对于地址 3xxxx，"Count"（计数）是要读取的输入寄存器字数。
- 对于地址 4xxxx 或 4yyyyy，"Count"（计数）是要读取或写入的保持寄存器字数。

MBUS_MSG 指令最多读取或写入 120 字或 1920 位（240 字节的数据）。"Count"的实际限值取决于 Modbus 从站设备的限制。

参数"DataPtr"是间接地址指针，指向 CPU 中与读/写请求相关的数据的 V 存储器。对于读请求，将"DataPtr"设置为用于存储从 Modbus 从站读取的数据的第一个 CPU 存储单元。对于写请求，将"DataPtr"设置为要发送到 Modbus 从站的数据的第一个 CPU 存储单元。程序将 DataPtr 值以间接地址指针的形式传递到 MBUS_MSG。例如，如果要写入到 Modbus 从站设备的数据始于 CPU 的地址 VW200，则"DataPtr"的值将为 &VB200（地址 VB200）。指针必须始终是 VB 类型，即使它们指向字数据。

程序已发送请求并接收响应后，"Done"输出为"FALSE"。响应完成或 MBUS_MSG 指令因错误中止时，"Done"输出为"TRUE"。仅当"Done"输出为"TRUE"时，"Error"输出才有效。

MBUS_MSG 指令参数支持的操作数和数据类型如表 31-3 所示。

表 31-3  MBUS_MSG 指令参数支持的操作数和数据类型

| 输入/输出 | 操作数 | 数据类型 |
|---|---|---|
| First | 布尔 | I, Q, M, S, SM, T, C, V, L（皆上升沿） |
| Slave | 字节 | VB, IB, QB, MB, SB, SMB, LB, AC, Constant, *VD, *AC, *LD |
| RW | 字节 | VB, IB, QB, MB, SB, SMB, LB, AC, Constant, *VD, *AC, *LD |
| Addr | 双字 | VD, ID, QD, MD, SD, SMD, LD, AC, Constant, *VD, *AC, *LD |
| Count | 整型 | VW, IW, QW, MW, SW, SMW, LW, AC, Constant, *VD, *AC, *LD |
| DataPtr | 双字 | &VB |
| Done | 布尔 | I, Q, M, S, SM, T, C, V, L |
| Error | 字节 | VB, IB, QB, MB, SB, SMB, LB, AC, Constant, *VD, *AC, *LD |

MBUS_MSG 指令错误代码含义如表 31-4 所示。

表 31-4  MBUS_MSG 错误代码含义

| MBUS_MSG 错误代码 | 说　明 |
|---|---|
| 0 | 无错误 |
| 1 | 响应存在奇偶校验错误：仅当使用偶校验或奇校验时，才会出现该错误。传输受到干扰，并且可能收到不正确的数据。该错误通常是电气故障（例如，接线错误或影响通信的电气噪声）引起的 |
| 2 | 保留位 |
| 3 | 接收超时：在超时时间内从站没有做出响应。可能原因为：与从站设备的电气连接存在问题、主站和从站的波特率/奇偶校验的设置不同、从站地址错误 |
| 4 | 请求参数出错：一个或多个输入参数（"Slave"（从站）、"RW"（读写）、"Addr"（地址）或"Count"（计数））被设置为非法值 |
| 5 | Modbus 主设备未启用：在调用 MBUS_MSG 前，每次扫描时都调用 MBUS_MSG |
| 6 | Modbus 忙于处理另一个请求：一次只能激活一条 MBUS_MSG 指令 |
| 7 | 应答时出错：收到的应答与请求不相关。这表示从站中出现了某些错误或者错误从站应答了请求 |
| 8 | 应答时 CRC 错误：传输被干扰，可能会收到不正确的数据。该错误通常是由电气故障（例如错误接线或影响通信的电噪声）引起的 |

| MBUS_MSG 错误代码 | 说　明 |
|---|---|
| 101 | 从站不支持在该地址处所请求的功能 |
| 102 | 从站不支持数据地址："地址"加上"计数"所要求的地址范围超出了从站所允许的地址范围 |
| 103 | 从站不支持数据类型：该"地址"类型不被从站支持 |
| 104 | 从站故障 |
| 105 | 从站已接收消息但应答延迟：这是 MBUS_MSG 的错误。用户程序应在稍后重新发送请求 |
| 106 | 从站忙，因此拒绝消息：可以在此尝试相同的请求，以获得应答 |
| 107 | 从站因未知原因拒绝消息 |
| 108 | 从站存储器奇偶校验错误：从站中有错误 |

### 3. Modbus RTU 从站

（1）Modbus RTU 从站指令执行步骤

① 在程序中插入 MBUS_INIT 指令，并仅执行 MBUS_INIT 指令一个扫描周期。可以使用 MBUS_INIT 指令初始化或更改通信参数。插入 MBUS_INIT 指令时，会在程序中自动添加若干隐藏的子例程和中断例程。

② 在"文件"菜单功能区的"库"区域中，单击"存储器"按钮，指定 Modbus 库所需的 V 存储器的起始地址。或者，也可在项目树中右键单击"程序块"节点，并从上下文菜单中选择"库存储器"。除了这个 V 存储器块之外，还可以使用 MBUS_INIT 的 HoldStart 和 MaxHold 参数定义另一个存储器块。注意，V 存储器中的程序分配不要重叠。如果存储区重叠，则 MBUS_INIT 指令将返回错误。

③ 在程序中仅添加一条 MBUS_SLAVE 指令。每次扫描时均应调用该指令，以处理收到的所有请求。

④ 用通信电缆连接通过 MBUS_INIT 端口参数分配的 S7-200 SMART CPU 端口和 Modbus 主站设备。

（2）MBUS_INIT 指令（初始化从站）

MBUS_INIT 指令如图 31-3 所示，该指令用于启用，初始化或禁用 Modbus 通信。在使用 MBUS_SLAVE 指令之前，必须先无错误地执行 MBUS_INIT。该指令完成后，立即置位"Done"（完成）位，然后继续执行下一条指令。每次通信状态改变时程序必须执行 MBUS_INIT 指令一次。指令的参数设置如下：

"EN"输入接通时，会在每次扫描时执行该指令。

参数"Mode"（模式）输入的值用于选择通信协议：输入值为 1 时，分配 Modbus 协议并启用该协议；输入值为 0 时，分配 PPI 并禁用 Modbus 协议。

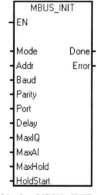

图 31-3　MBUS_INIT 指令

参数"Addr"（地址）将地址设置为 1~247 之间（包括边界）的值。

参数"Baud"（波特）将波特率设置为 1200、2400、4800、9600、19200、38400、57600 或 115200。

参数"Parity"（奇偶校验）应设置为与 Modbus 主站的奇偶校验相匹配。所有设置使用一个停止位。接收的值如下：0（无奇偶校验）、1（奇校验）和 2（偶校验）。

参数"Port"（端口）设置物理通信端口（0 = CPU 中集成的 RS-485，1 =可选信号板上的 RS-485 或 RS-232）。

参数"Delay"（延时）通过使标准 Modbus 信息超时时间增加分配的毫秒数来延迟标准 Modbus 信息结束超时条件。在有线网络上运行时，该参数的典型值应为0。如果使用具有纠错功能的调制解调器，则将延时设置为 50~100 ms 之间的值。如果使用扩频无线通信，则将延时设置为 10~100 ms 之间的值。"Delay"（延时）值可以是 0~32767 ms。

参数"MaxIQ"用于设置 Modbus 地址 0xxxx 和 1xxxx 可用的 I 和 Q 点数，取值范围是 0~256。值为 0 时，将禁用所有对输入和输出的读写操作。建议将"MaxIQ"值设置为 256。

参数"MaxAI"用于设置 Modbus 地址 3xxxx 可用的字输入（AI）寄存器数，取值范围是 0~56。值为 0 时，将禁止读取模拟量输入。建议将"MaxAI"设置为以下值，以允许访问所有 CPU 模拟量输入：

  0(针对 CPU CR40 和 CR60)
  56(所有其他 CPU 型号)

参数"MaxHold"用于设置 Modbus 地址 4xxxx 或 4yyyyy 可访问的 V 存储器中的字保持寄存器数。例如，如果要允许 Modbus 主站访问 2000 字节的 V 存储器，请将"MaxHold"的值设置为 1000 字（保持寄存器）。

参数"HoldStart"是 V 存储器中保持寄存器的起始地址。该值通常设置为VB0，因此参数 HoldStart 设置为 &VB0（地址 VB0）。也可将其他 V 存储器地址指定为保持寄存器的起始地址，以便在项目中的其他位置使用 VB0。Modbus 主站可访问起始地址为"HoldStart"，字数为"MaxHold"的 V 存储器。

MBUS_INIT 指令完成时，"Done"（完成）输出接通。

"Error"输出字节包含指令的执行结果。仅当"Done"（完成）接通时，该输出才有效。如果"Done"（完成）关闭，则错误参数不会改变。

MBUS_INIT 指令支持的操作数和数据类型如表 31-5 所示。

表 31-5　MBUS_INIT 指令支持的操作数和数据类型

| 输入/输出 | 数据类型 | 操　作　数 |
| --- | --- | --- |
| Mode、Addr、Parity、Port | 字节 | VB、IB、QB、MB、SB、SMB、LB、AC、常数、＊VD、＊AC、＊LD |
| Baud、HoldStart | 双字 | VD、ID、QD、MD、SD、SMD、LD、AC、常数、＊VD、＊AC、＊LD |
| Delay、MaxIQ、MaxAI、MaxHold | 字 | VW、IW、QW、MW、SW、SMW、LW、AC、常数、＊VD、＊AC、＊LD |
| Done | 布尔 | I、Q、M、S、SM、T、C、V、L |
| Error | 字节 | VB、IB、QB、MB、SB、SMB、LB、AC、＊VD、＊AC、＊LD |

MBUS_INIT 错误代码含义如表 31-6 所示。

表 31-6　MBUS_INIT 错误代码含义

| MBUS_INIT 错误代码 | 说　　明 |
| --- | --- |
| 0 | 无错误 |
| 1 | 存储器范围错误 |
| 2 | 波特率或奇偶校验非法 |

| MBUS_INIT 错误代码 | 说　明 |
|---|---|
| 3 | 从站地址非法 |
| 4 | Modbus 参数值非法 |
| 5 | 保持寄存器与 Modbus 从站符号重叠 |
| 6 | 收到奇偶校验错误 |
| 7 | 收到 CRC 错误 |
| 8 | 功能请求非法/功能不受支持 |
| 9 | 请求中的存储器地址非法 |
| 10 | 从站功能未启用 |
| 11 | 端口号无效 |
| 12 | 信号板端口 1 缺失或未组态 |

（3）MBUS_SLAVE 指令

MBUS_SLAVE 指令如图 31-4 所示。

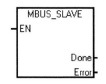

### 编程示例

#### 1. 从站编程

（1）分配库存储区

图 31-4　MBUS_SLAVE 指令

利用指令库编程前首先应为其分配存储区，否则 STEP 7 Micro/WIN SMART 软件编译时会报错。

通过 STEP 7 Micro/WIN SMART 软件菜单命令"文件"下的"存储器"按钮，打开"库存储器分配"对话框，如图 31-5 所示。在"库存储器分配"对话框中输入库存储器的起始地址，注意避免该地址和程序中已经采用或准备采用的其他地址重合。单击"建议地址"按钮，系统将自动计算存储器的截止地址。

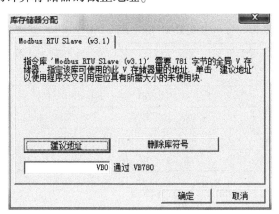

图 31-5　分配库存储区

（2）编写 Modbus 从站程序

编写从站程序如图 31-6 所示。

单击"保存"按钮，保存项目，在项目树中展开"程序块"下的"库"文件夹可以看

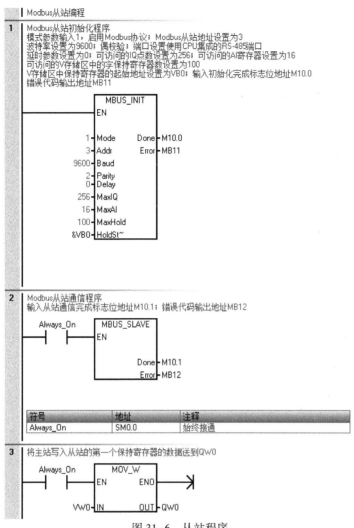

图 31-6 从站程序

到 Modbus 从站指令使用了三个子程序和两个中断程序，将程序编译下载到 PLC，这样 Modbus 从站编程就完成了。

**2. 主站编程**

（1）分配库存储区

与从站编程，主站编程一样需要分配库存储区，如图 31-7 所示。

（2）编写 Modbus 主站程序

编写主站程序如图 31-8 所示。

单击"保存"按钮，保存项目，在项目树中展开"程序块"下的"库"文件夹可以看到 Modbus 主站指令使用了三个子程序和一个中断程序，将程序编译下载到 PLC，这样 Modbus 主站编程就完成了。

**3. 下载测试**

（1）创建 Modbus 主站状态图表

在 Modbus 主站项目中，从符号表复制需要监控的数据地址，粘贴到状态图表中。切换

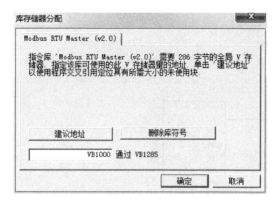

图 31-7 分配库存储区

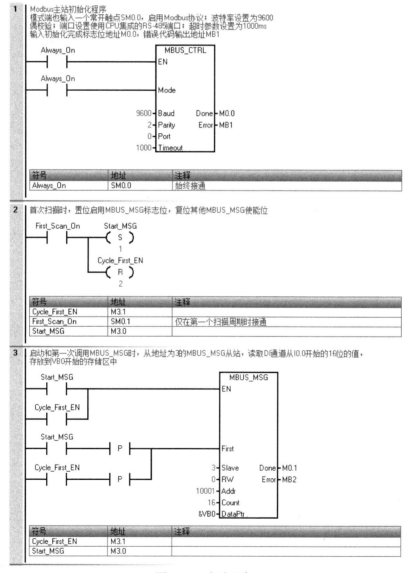

图 31-8 主站程序

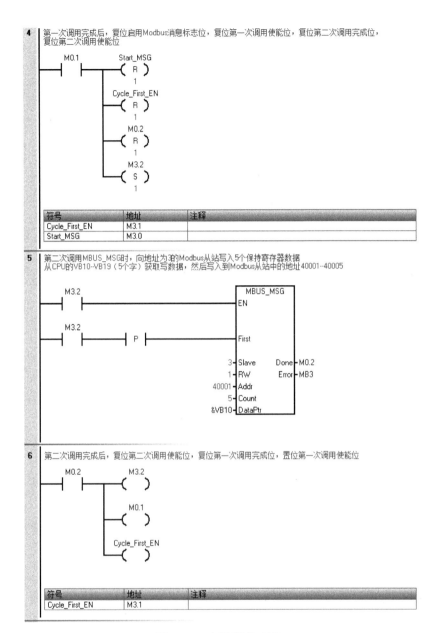

**4** 第一次调用完成后，复位启用Modbus消息标志位，复位第一次调用使能位，复位第二次调用完成位，复位第二次调用使能位

| 符号 | 地址 | 注释 |
|---|---|---|
| Cycle_First_EN | M3.1 | |
| Start_MSG | M3.0 | |

**5** 第二次调用MBUS_MSG时，向地址为3的Modbus从站写入5个保持寄存器数据
从CPU的VB10-VB19（5个字）获取写数据，然后写入到Modbus从站中的地址40001~40005

**6** 第二次调用完成后，复位第二次调用使能位，复位第一次调用完成位，置位第一次调用使能位

| 符号 | 地址 | 注释 |
|---|---|---|
| Cycle_First_EN | M3.1 | |

图 31-8  主站程序（续）

寻址显示模式，设置合适的数据显示格式。单击"保存"按钮，保存项目。

（2）下载并测试

单击主站状态图表的图标状态按钮，持续监视，查看从站的 DI 状态。拨动从站外接的开关，改变 DI 状态，可以看到主站数据随之改变，这说明主站已经成功地读取从站的 DI 通道值。修改主站代写到主站的寄存器数据，观察从站 CPU 面板的输出点指示灯状态，可以看到从站输出点指示灯状态随之改变，这说明主站已经成功将数据写入从站保持寄存器。因此两台 S7-200 SMART 通过 Modbus RTU 通信成功。

# 项目 32　S7-200 与 S7-300 的 MPI 通信

## 项目要求

通过 MPI 网络将 S7-300 的输入送到 S7-200 SMART 的输出以及将 S7-200 SMART 输入送到 S7-300 的输出。

## 项目分析

MPI（MultiPoint Interface）通信是一种简单经济的通信方式，适合当通信速率要求不高、通信数据量不大的场合。

MPI 网络中可使用 S7-200/300/400 PLC、面板 TP/OP、上位计算机和 MPI /PROFIBUS 通信卡、PROFIBUS 总线连接器和 PROFIBUS 电缆，其中 S7-200 CPU 只能作为从站。图 32-1 所示为 MPI 网络示意图。

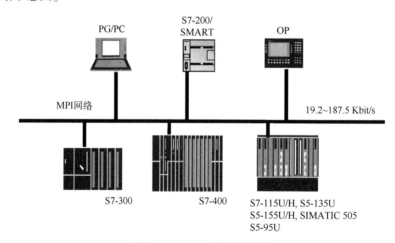

图 32-1　MPI 网络示意图

MPI 网络最多可连接 32 个节点，最大通信距离为 50 m，但可通过中继器来扩展长度。

MPI 网络的通信速率为 19.2 Kbit/s ~ 12 Mbit/s，默认设置为 187.5 Kbit/s，使用 PROFIBUS 电缆时才能支持 12 Mbit/s。

通过 MPI 实现 PLC 到 PLC 之间的通信有三种方式：

（1）全局数据包通信方式：对于 PLC 之间的数据交换，只需组态数据的发送区和接收区，无须额外编程，只适合于 S7-300/400 PLC 之间的相互通信。

（2）组态连接通信方式：S7-300 只能作服务器，S7-400 在与 S7-300 通信时作客户机，与 S7-400 通信时既可以作服务器，又可以作客户机，只适合于 S7-300/400 和 S7-400/400 PLC 之间的相互通信。

（3）无组态连接通信方式：需要调用系统功能块 SFC65 ~ SFC69 来实现，适合于 S7-

200/300/400 PLC 之间的相互通信。无组态连接通信方式有可分为两种方式：双边编程和单边编程方式。

S7-300 与 S7-200 SMART 的 MPI 通信，采用单边编程方式，即 S7-200 SMART 作为服务器，无须任何编程，S7-300 作为客户机，利用 S7-300 编程软件的库功能 SFC67（X_GET）读取 S7-200 SMART 数据区的数据到 S7-300 的本地数据区，利用 SFC68（X_PUT）将本地数据区数据写入 S7-200 SMART 的指定数据区。SFC（系统功能块）位于"库"→"Standard Library"→"System Function Blocks"项目下。

### 编程示例

本项目步骤如下。

（1）在 STEP7 中新建 S7-300 项目，按硬件安装顺序和订货号依次插入机架、电源、CPU 进行硬件组态，如图 32-2 所示。S7-300 采用默认的 MPI 站地址 2，默认波特率 187.5 Kbit/s。

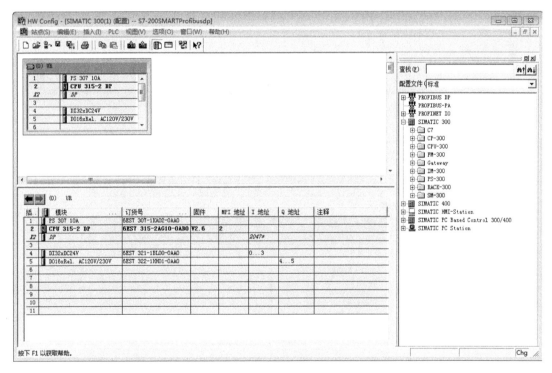

图 32-2　硬件组态

（2）在 STEP 7-Micro/WIN SMART 的系统块中，根据 EM DP 01 模块所在的实际位置添加 EM DP01 模块，如图 32-3 所示。MPI 地址通过 EM DP01 模块外部拨码开关进行设置。之后，将系统块下载到 S7-200 SMART PLC 中。

（3）使用 PROFIBUS 电缆连接 CPU315-2DP 的 X1 MPI 口和 EM DP01 的 DP 端口。

（4）为实现 S7-300 作为客户机，对服务器 S7-200 SMART 的数据读写，编写程序如图 32-4 所示。之后，将整个 S7-300 项目下载到 S7-300 PLC 中。

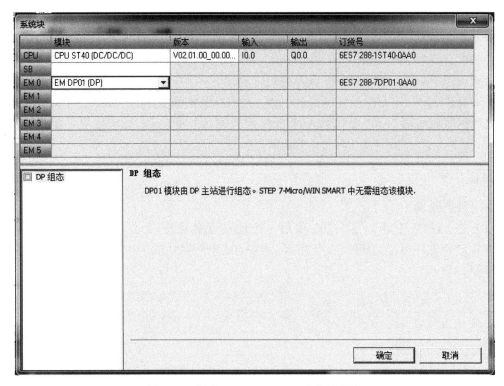

图 32-3 设定 S7-200 SMART 的扩展模块

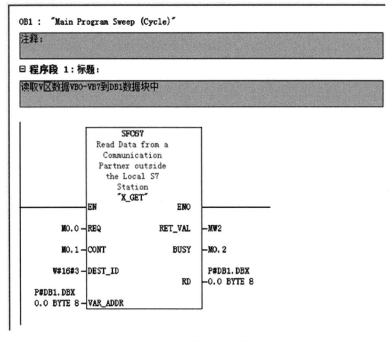

图 32-4 程序清单及注释

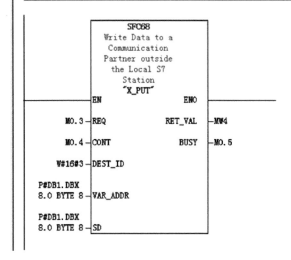

⊟ **程序段 2：标题：**

发送从DB1.DBX8.0开始的8个字节数据到S7-200 SMART的V区VB8-VB15中

```
                    SFC68
                Write Data to a
                 Communication
               Partner outside
                 the Local S7
                   Station
                   "X_PUT"
              EN             ENO
      M0.3 ─ REQ        RET_VAL ─ MW4
      M0.4 ─ CONT          BUSY ─ M0.5
   W#16#3 ─ DEST_ID
 P#DB1.DBX
 8.0 BYTE 8 ─ VAR_ADDR
 P#DB1.DBX
 8.0 BYTE 8 ─ SD
```

图 32-4　程序清单及注释（续）

# 项目 33  通过 PROFIBUS-DP 网络连接 S7-200 SMART 和 S7-300 PLC

## 项目要求

通过 PROFIBUS-DP 网络将 S7-300 的输入送到 S7-200 SMART 的输出以及将 S7-200 SMART 的输入送到 S7-300 的输出。

## 项目分析

PROFIBUS 符合国际标准 IEC 61158，是目前国际上通用的现场总线标准之一。因其领先的技术特点、严格的认证规范、众多厂商的支持，PROFIBUS 已成为业界广受认可的现场级通信网络解决方案。

PROFIBUS 协议包括三个主要部分。

（1）PROFIBUS-DP：主站和从站之间采用轮询的通信方式，可实现基于分布式 I/O 的高速数据交换，主要应用于制造业自动化系统中现场级通信。

（2）PROFIBUS-PA：通过总线并行传输电源和通信数据，主要应用于高安全要求的防爆场合。

（3）PROFIBUS-FMS：定义了主站和从站间的通信模型，主要应用于自动化系统中车间级的数据交换。

S7-200 SMART CPU 可以通过 EM DP01 扩展模块连入 PROFIBUS-DP 网络，主站经由 EM DP01 对 S7-200 SMART CPU 进行数据读/写。

## 编程示例

本项目中 CPU315-2 DP 是一个主站，配备 EM DP01 的 S7-200 SMART 是从站。该项目展示了如何将 S7-300 的输入 IB0 写到 S7-200 SMART 的输出 QB0 和传送 S7-200 SMART 输入 IB0 到 S7-300 的输出 QB4 中。

S7-300 与 S7-200 SMART 通过 EM DP01 进行 PROFIBUS-DP 通信，只需在 STEP 7 中组态 S7-300 和 EM DP01，S7-200 SMART 端只需对应存放将要进行通信的数据，无须组态和编程。其实现步骤如下。

启动 STEP 7，新建 S7-300 项目，按硬件安装顺序和订货号依次插入机架、电源、CPU 进行硬件组态，如图 33-1 所示。

右键单击"DP"接口，选择"添加主站系统"，打开"PROFIBUS 接口 DP"对话框，如图 33-2 所示。

单击"新建…"按钮，打开"新建 PROFIBUS 子网"对话框，如图 33-3 所示，直接单击"确定"按钮，使用默认的网络设置。

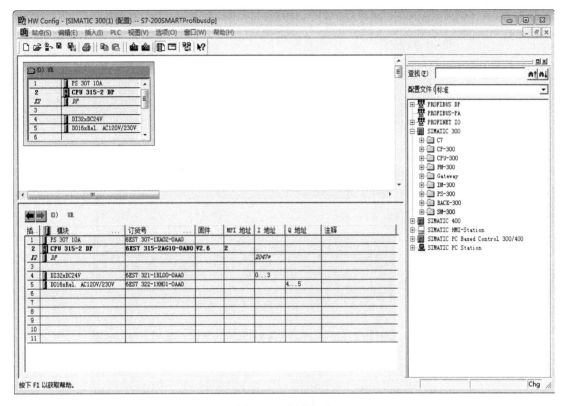

图 33-1 硬件组态

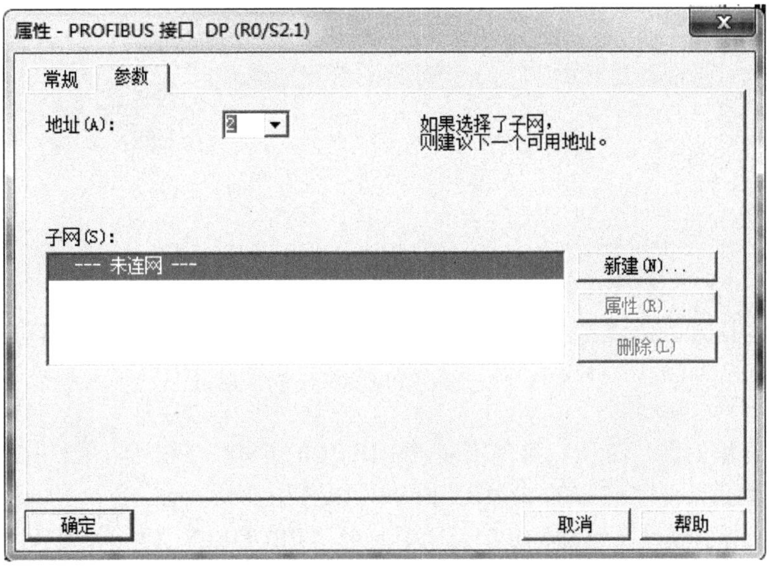

图 33-2 "PROFIBUS 接口 DP" 对话框

图 33-4 中，默认的主站地址为 2，通信波特率 1.5 Mbit/s。单击 "确定" 按钮后，硬件组态对话框中 "DP" 后面增加了一条网络 "PROFIBUS(1)"，如图 33-5 所示。

从图 33-5 右边的 "硬件目录" 中选择 EM DP01 连接到 "PROFIBUS(1)" 网络上。需

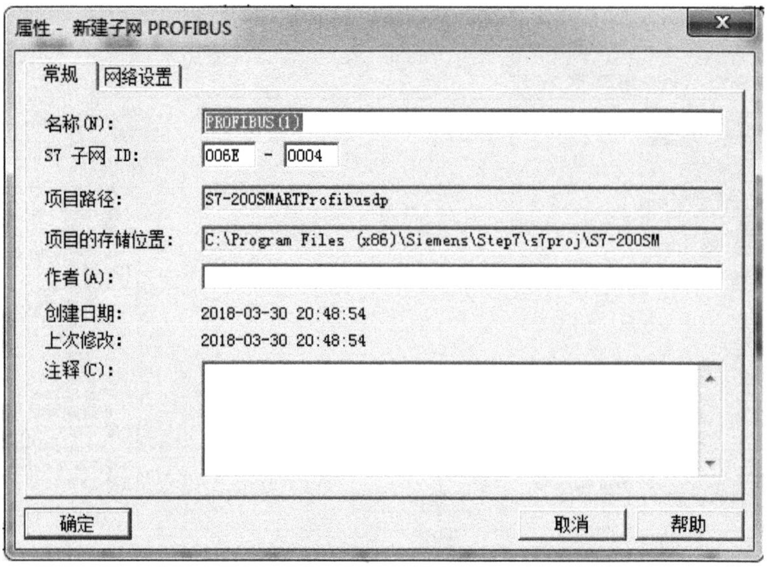

图 33-3  "新建 PROFIBUS 子网"对话框

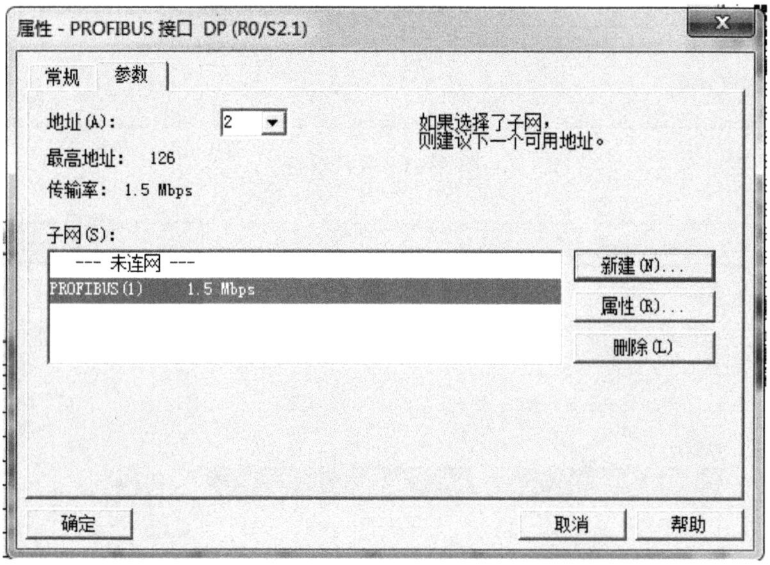

图 33-4  选择"PROFIBUS(1)"网络

要通过硬件组态编辑器"选项"菜单安装 EM DP01 的 GSD 文件，如图 33-6 所示。该文件可以从本书的配套资源"S7-200 SMART PLUS"文件中找到。

从图 33-7 所示位置找到 EM DP01，将其拖到"PROFIBUS(1)"网络上，DP 从站的默认地址为 1，改为 3，选择通信方式为 8 字节入/8 字节出，如图 33-8 所示。

如果使用的 S7-200 SMART 通信区域不从 VB0 开始，则还需要在 DP 从站属性对话框"分配参数"选项卡中设置"I/O Offset in the V-memory"参数，如图 33-9 所示。本例中 S7-200 SMART 通信区域是从 VB0 开始，故此参数设置为 0。

编译保存下载硬件组态即可完成网络的配置。

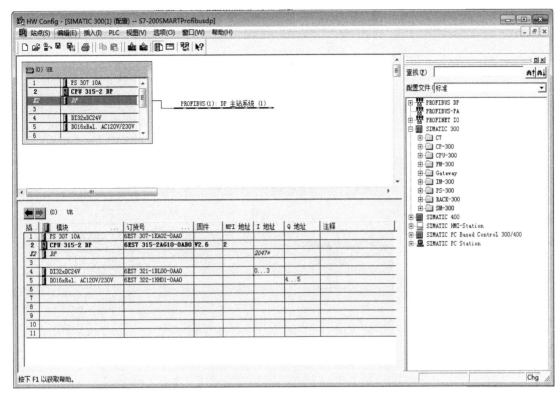

图 33-5　增加了"PROFIBUS(1)"现场总线

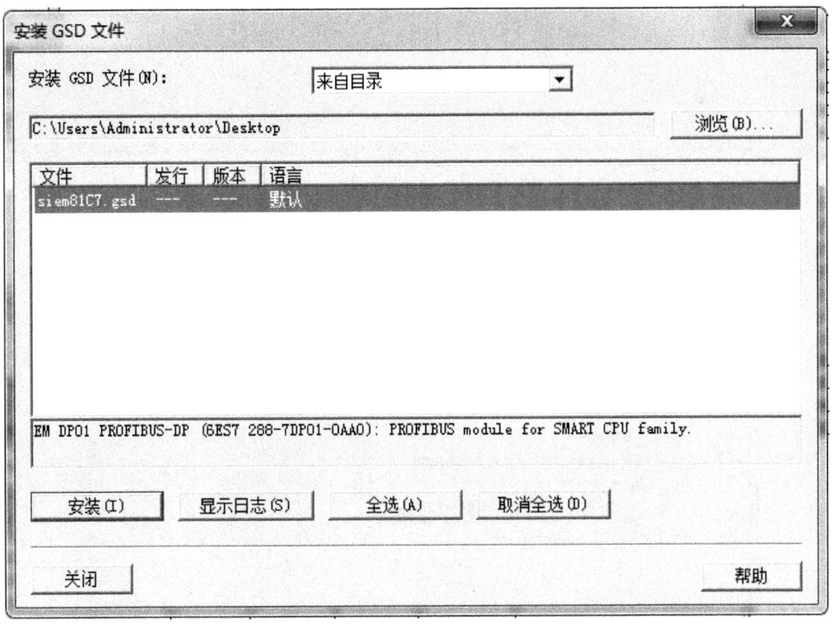

图 33-6　安装 EM DP01 的 GSD 文件

将 EM 277 的地址拨位开关设置为 3，以便与硬件组态的设定值一致。

编写的 S7-300 与 S7-200 SMART 程序及注释如图 33-10 和图 33-11 所示。

图 33-7    选择"EM DP01"作为从站

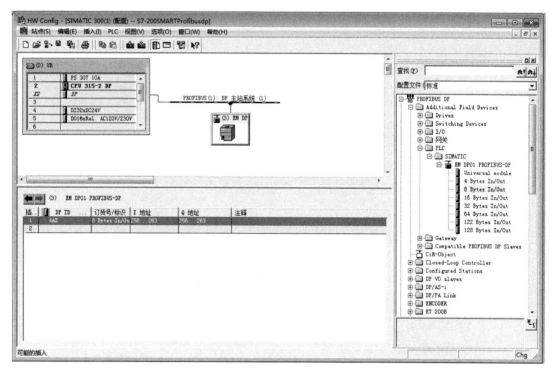

图 33-8    选择通信方式

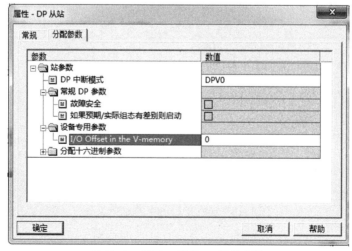

图 33-9    设置 V 区的 IO 偏移参数

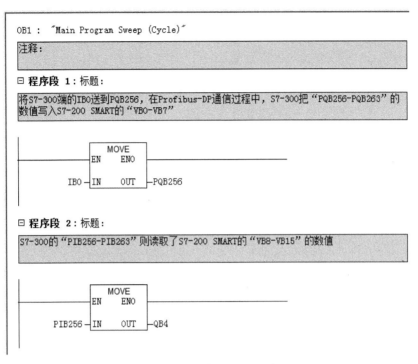

图 33-10 S7-300 OB1 程序

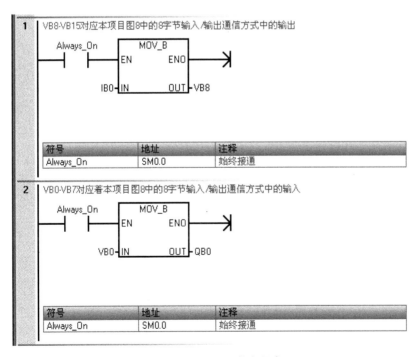

图 33-11 S7-200 的主程序

注：关于主站中与从站的通信数据区对应关系说明如下。假设 DP 主站已定义一个 I/O 组态，其包含两个插槽且 V 存储器偏移量为 1000。将第一个插槽组态为 32 字节的输入输

出，第二个插槽组态为 8 字节的输入输出。S7-200 SMART CPU 的输出与输入缓冲区均为 40 字节（32 + 8）。输出数据（来自 DP 主站）缓冲区起始于 VB1000；输入数据（送入 DP 主站）缓冲区紧随输出缓冲区并起始于 VB1040，如图 33-12 所示。

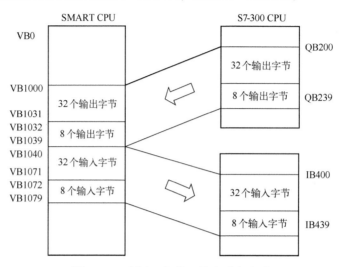

图 33-12  缓冲区与输入输出对应关系

# 项目 34　S7-200 SMART 以太网通信

## 项目要求

实现两台 S7-200 SMART PLC 之间的通信即数据交换，其中一台 PLC 为本地主动设备，另一台 PLC 为远程被动设备，对被动设备不需做任何设置和编程。

## 项目分析

S7-200 SMART CPU 集成了一个以太网通信接口，支持以太网和基于 TCP/IP 的通信标准，通过该端口可以实现 S7-200 SMART CPU 与编程设备的通信、与 HMI 的通信以及与其他 CPU 的通信。该端口支持的通信类型包括 STEP 7-Micro/WIN SMART 软件编程，与 HMI 以太网类型连接通信，与其他 CPU 的 S7 通信。S7-200 SMART CPU 既可作为主动设备，也可作为被动设备，支持 8 个专用 HMI OPC 连接、一个编程设备 PG 连接，8 个 GET/PUT 对等连接，支持与 S7-200 SMART CPU 或其他网络设备的连接。S7-200 SMART CPU 的以太网端口有两种物理网络连接方式，直接连接和网络连接。只有两个通信设备时用网线直接连接两个设备即可，当通信设备数量超过两个时采用网络连接，可以使用安装在基架上的 CSM1277：4 端口以太网交换机来连接多个 CPU 和 HMI 设备。

## 编程示例

### 1. 硬件准备与连接

本次实验所需硬件有两台 S7-200 SMART CPU、一台以太网交换机 CSM1277、一台编程计算机和三根以太网电缆，按照图 34-1 所示方式连接。

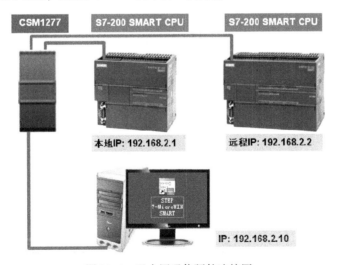

图 34-1　以太网通信硬件连接图

**2. 组态 GET/PUT 向导**

在 STEP 7 Micro/WIN SMART 软件中完成硬件组态后，保存项目名称为"本地 PLC"。在项目树中展开"向导"文件夹，双击"GET/PUT"，打开 Get/Put 向导对话框如图 34-2 所示。

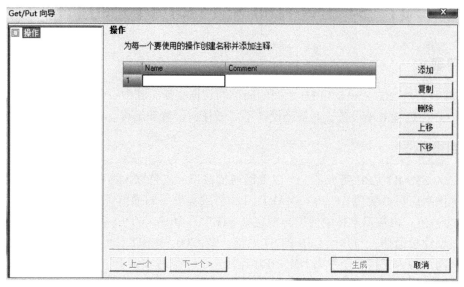

图 34-2　GET/PUT 向导对话框

在左侧的树视图中单击"操作"节点，开始分配网络操作，两次单击"添加"按钮，创建两项操作。分别修改名称为"Operation1"和"Operation2"，并添加注释为"Get 操作"和"Put 操作"，如图 34-3 所示。

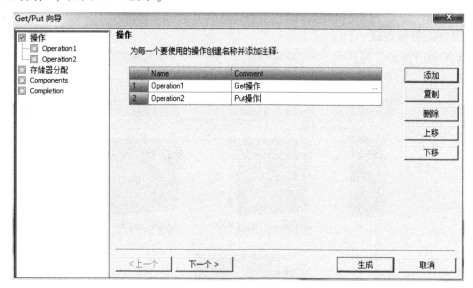

图 34-3　操作名称设置对话框

单击"Operation1"节点，操作类型指定为"Get"，传送大小为"2"字节，本地地址为"MB10"，输入远程 CPU 的 IP 地址"192.168.2.2"，远程地址为"MB20"，这样就可将远程 CPU MW20 中的数据读取到本地 CPU MW10 中，设置结果如图 34-4 所示。

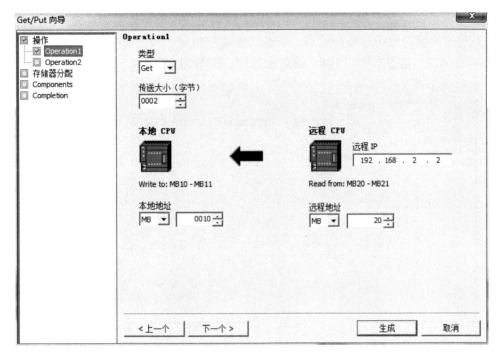

图 34-4　操作 1 设置对话框

单击"Operation2"节点,操作类型指定为"Put",传送大小为"2"字节,本地地址为"MB12",输入远程 CPU 的 IP 地址"192.168.2.2",远程地址为"MB22",这样就可将本地 CPU MW12 中的数据读取到远程 CPU MW22 中,设置结果如图 34-5 所示。

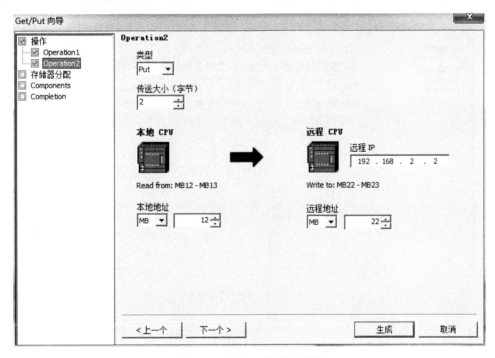

图 34-5　操作 2 设置对话框

单击"存储器分配"节点，指定 Get/Put 向导为完成网络操作需要存储器的起始地址，要保证程序中未重复使用这些存储器，单击"建议"按钮，向导将自动指定当前程序中未使用的 V 存储器，这里采用"VB0"为起始地址，如图 34-6 所示。

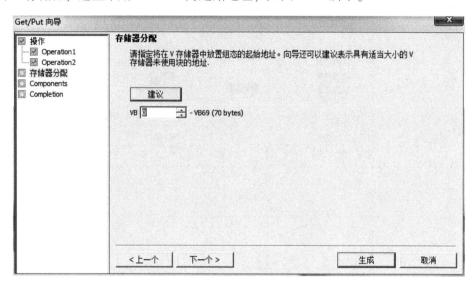

图 34-6　存储器分配对话框

单击"Components"节点，如图 34-7 所示，这里列出了 Get/Put 向导生成的项目组件，包括一个控制网络操作的执行子程序"NET＿EXE"，一个 43 字节的数据块"NET＿DataBlock"和一个符号表"NET_SYMS"。

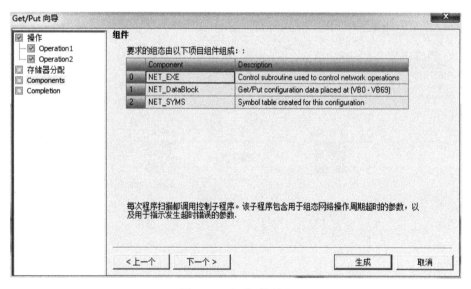

图 34-7　组件对话框

单击"生成"按钮，完成 Get/Put 向导配置，向导生成的项目组件添加到项目中。

**3. 编写程序并下载**

首先查看一下 Get/Put 向导生成的项目组件，在项目树中展开"程序块"下的"向导"

文件夹，双击打开网络执行子程序"NET_EXE"。该子程序是加密的，可以查看相关的调用说明，例如"需要在每个扫描周期使用SM0.0，从MAIN程序块中调用该子程序"等。变量表中列出了子程序接口参数定义："超时"参数用于设置超时定时时间，"周期"参数用于每次所有网络操作完成后进行状态切换，"错误"参数用于网络操作是否出错的状态位，具体变量如图34-8所示。

| | 地址 | 符号 | 变量类型 | 数据类型 | 注释 |
|---|---|---|---|---|---|
| 1 | | EN | IN | BOOL | |
| 2 | LW0 | 超时 | IN | INT | 超时定时器 0 = 无定时器; 1-32767 = 以秒为... |
| 3 | | | IN | | |
| 4 | | | IN_OUT | | |
| 5 | L2.0 | 周期 | OUT | BOOL | 每次所有 NET 操作都完成后进行切换. |
| 6 | L2.1 | 错误 | OUT | BOOL | 0=无错误; 1=错误 (检查代码编号的 GET/P... |
| 7 | | | OUT | | |
| 8 | LB3 | Status | TEMP | BYTE | x.7=Done, x.6=Active, x.5=Error |
| 9 | LD4 | 增量 | TEMP | DINT | 增量循环时间 |
| 10 | LD8 | Ptr | TEMP | DWORD | temporary pointer |
| 11 | | | TEMP | | |

图 34-8　变量表

展开"符号表"下的"向导"文件夹，双击打开网络符号表"NET_SYMS"。在此可以查看 Get/Put 向导相关参数的符号及地址信息，不可更改，编程时可作为参考，具体符号如图 34-9 所示。

| | | 符号 ▲ | 地址 | 注释 |
|---|---|---|---|---|
| 1 | | CurrentCycleTime | VD8 | Counter for monitoring cycle time |
| 2 | | Get_Operation1 | VB30 | 操作 'Operation1' 的状态位: 获取. |
| 3 | | Put_Operation2 | VB50 | 操作 'Operation2' 的状态位: 放置. |

图 34-9　符号表

回到主程序窗口，在项目树中展开"调用子例程"文件夹，选择网络执行子程序，将其"NET_EXE"拖放到主程序中，编写如图 34-10 所示本地 PLC 程序，将项目编译并下载到本地 PLC。

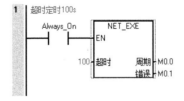

图 34-10　本地 PLC 程序

重新打开 STEP 7-Micro/WIN SMART 软件，双击 PLC 类型进行硬件组态，选择 CPU 类型为"CPU_SR60（AC/DC/Relay）"，不需做任何的设置和编程，保存项目名称为"远程 PLC"。编译项目，在"通信"对话框中，找到远程 PLC，将程序下载。这样所有的编程下载就完成了。

**4. 运行测试**

（1）将两个 STEP 7-Micro/WIN SMART 软件界面分别连接本地 PLC 和远程 PLC。

（2）在本地 PLC 项目中将 PLC 置于 RUN 模式，打开状态图表，输入地址 "MW10" 和 "MW12"，单击图表状态按钮开始持续监视。

（3）在远程 PLC 项目中将 PLC 置于 RUN 模式，打开状态图表，输入地址 "MW20" 和 "MW22"，单击图表状态按钮开始持续监视。

（4）修改远程 PLC "MW20" 中的数值为 "25"，若可以看到本地 PLC 中 "MW10" 中的数值随之改变，即 Get 操作成功。

（5）修改本地 PLC "MW12" 中的数值为 "45"，若可以看到远程 PLC 中 "MW22" 中的数值随之改变，即 Put 操作成功。

因此两台 S7-200 SMART PLC 通过以太网通信成功，实现了数据交换。

# 项目 35　使用 USS 协议控制变频器

## 项目要求

实现 S7-200 SMART 与 V20 变频器的 USS 通信。通过 PLC 控制变频器的起动、停止以及读写变频器参数。

## 项目分析

### 1. USS 通信概述

（1）USS 协议概述

S7-200 SMART 除了支持以太网通信外，还可以通过 CPU 上或者信号板上的 RS-485 接口实现串口通信，支持串口通信协议包括自由口协议、USS 协议和 Modbus 协议以及 PPI。STEP 7-Micro/WIN SMART 软件自动集成串口通信时所需要的功能块和子程序。USS 协议是西门子专为驱动装置开发的通信协议，支持最多与 31 台变频器进行通信。

（2）USS 指令库概述

STEP 7-Micro/WIN SMART 指令库包括专门设计用于通过 USS 协议与电动机变频器进行通信的预组态子例程和中断例程，从而使控制西门子变频器更加简便。可使用 USS 指令控制物理变频器和读/写变频器参数。提供的 USS 协议库包含与变频器通信的指令，USS_INIT 用于初始化、USS_CTRL 用于控制变频器、USS_RPM 和 USS_WPM 用于读写变频器的参数。读写变频器参数要注意参数数据类型。

（3）使用 USS 协议的要求

1）USS 协议是一种受中断驱动的应用程序。最差情况下，接收消息中断例程的执行最多需要 2.5 ms。在此期间，所有其他中断事件都需要排队，等待接收消息中断例程执行完毕后再进行处理。如果应用无法容许此类最糟情况下的延迟，则可能需要考虑采用其他解决方案来控制变频器。

2）初始化 USS 协议，使 S7-200 SMART CPU 端口专门用于 USS 通信。

3）可使用 USS_INIT 指令为端口 0 或端口 1 选择 USS 或 PPI。（USS 是指用于西门子变频器的 USS 协议。）当某个端口设置为使用 USS 协议与变频器进行通信后，就不能再将该端口用于任何其他用途，包括与 HMI 进行通信。第二个通信端口允许 STEP 7-Micro/WIN SMART 在 USS 协议运行期间监视控制程序。

4）USS 指令会影响与所分配端口上自由端口通信相关的所有 SM 位置。

5）USS 子例程和中断例程已存储在程序中。USS 指令最多将程序所需的存储器数量增加至 3050 字节。根据所使用的特定 USS 指令，这些指令的支持例程可使控制程序的存储空间开销至少增加 2150 字节，最多增加 3050 字节。

6）USS 指令的变量需要 400 字节的 V 存储区。该存储区的起始地址由用户指定，保留用于 USS 变量。

7）某些 USS 指令还需要 16 字节的通信缓冲区。作为指令的参数，需要为该缓存区提供一个 V 区的起始地址。建议为 USS 指令的每个实例都指定一个唯一的缓冲区。

8）执行计算时，USS 指令使用累加器 AC0～AC3。还可以在程序中使用累加器，但累加器中的数值将由 USS 指令改动。

9）USS 指令不能用在中断例程中。

**2. USS 协议指令**

USS 协议指令由 USS_INIT、USS_CTRL、USS_RPM_x 、USS_WPM_x 四部分组成，接下来逐一进行介绍。

（1）USS_INIT 指令

USS_INIT 指令用于启用和初始化或禁用西门子变频器通信，如图 35-1 所示。在使用任何其他 USS 指令之前，必须执行 USS_INIT 指令且无错。该指令完成后，立即置位"Done"（完成）位，然后继续执行下一条指令。指令的参数设置如下：

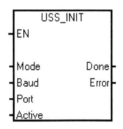

图 35-1 USS_INIT 指令

"EN"输入接通时，在每次扫描时均执行该指令。每次通信状态变化时执行 USS_INIT 指令一次。使用边缘检测指令使"EN"输入以脉冲方式接通。要更改初始化参数，请执行新的 USS_INIT 指令。

参数"Mode"（模式）的值用于选择通信协议。当输入值为 1 时，将端口分配给 USS 协议并启用该协议；当输入值为 0 时，将端口分配给 PPI 并禁用 USS 协议。

参数"Baud"（波特）将波特率设置为 1200、2400、4800、9600、19200、38400、57600 或 115200。

参数"Port"（端口设置物理通信端口（0 = CPU 中集成的 RS-485，1 =可选 CM01 信号板上的 RS-485 或 RS-232）。

参数"Active"（激活）指示激活的变频器。有些变频器仅支持地址 0～30。

当 USS_INIT 指令完成后，"Done"（完成）输出接通。

"Error"输出字节包含指令的执行结果。仅当"Done"（完成）接通时，该输出才有效。如果"Done"（完成）关闭，则错误参数不会改变。

USS_INIT 指令支持的操作数和数据类型如表 35-1 所示。

表 35-1 USS_INIT 指令支持的操作数和数据类型

| 输入/输出 | 数据类型 | 操　作　数 |
|---|---|---|
| Mode、Port | 字节 | VB、IB、QB、MB、SB、SMB、LB、AC、常数、＊VD、＊AC、＊LD |
| Baud、Active | 双字 | VD、ID、QD、MD、SD、SMD、LD、常数、AC、＊VD、＊AC、＊LD |

| 输入/输出 | 数据类型 | 操　作　数 |
|---|---|---|
| Done | 布尔 | I、Q、M、S、SM、T、C、V、L |
| Error | 字节 | VB、IB、QB、MB、SB、SMB、LB、AC、＊VD、＊AC、＊LD |

错误代码含义如表35-2所示。

表35-2　错误代码含义

| 错误代码 | 说　　明 |
|---|---|
| 0 | 无错误 |
| 1 | 变频器无响应 |
| 2 | 检测到来自变频器的响应存在检验和错误 |
| 3 | 检测到来自变频器的响应存在奇偶校验错误 |
| 4 | 用户程序的干扰导致错误 |
| 5 | 尝试非法命令 |
| 6 | 提供的变频器地址非法 |
| 7 | 通信端口没有设置为用于 USS 协议通信 |
| 8 | 通信端口正在忙于处理指令 |
| 9 | 变频器速度输入超出范围 |
| 10 | 变频器响应长度不正确 |
| 11 | 变频器响应的第一个字符不正确 |
| 12 | 变频器响应中的长度字符不受 USS 指令支持 |
| 13 | 响应了错误的变频器 |
| 14 | 提供的 DB_Ptr 地址不正确 |
| 15 | 提供的参数编号不正确 |
| 16 | 选择的协议无效 |
| 17 | USS 激活；不允许更改 |
| 18 | 指定的波特率非法 |
| 19 | 无通信：变频器未激活 |
| 20 | 变频器响应中的参数或值不正确或包含错误代码 |
| 21 | 返回一个双字值，而不是请求的字值 |
| 22 | 返回一个字值，而不是请求的双字值 |
| 23 | 端口号无效 |
| 24 | 信号板（SB）端口 1 缺失或未组态 |

（2）USS_CTRL 指令

USS_CTRL 指令用于控制激活的西门子变频器，如图 35-2 所示。USS_CTRL 指令将所选命令放置到通信缓冲区中，如果已在 USS_INIT 指令的"Active"（激活）参数中选择变频器，该命令随后将发送到这一被寻址的变频器（"变频器"参数）。每台变频器只能分配一条 USS_CTRL 指令。有些变频器仅以正值形式报告速度。如果速度为负值，变频器将速度报告为正值，但取反"D_Dir"（方向）位。

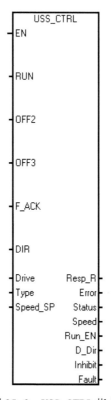

图 35-2　USS_CTRL 指令

"EN"位必须接通才能启用 USS_CTRL 指令。该指令应始终启用。

参数"RUN"（RUN/STOP）指示变频器是接通还是关闭。当"RUN"（运行）位接通时，变频器收到一条命令，以指定速度和方向开始运行。为使变频器运行，必须符合以下条件：

● 变频器在 USS_INIT 中必须选为"Active"（激活）。

● "OFF2"和"OFF3"必须设置为 0。

● "Fault"（故障）和"Inhibit"（禁止）必须为 0。

当"RUN"关闭时，会向变频器发送一条命令，将速度降低，直至电动机停止：

● "OFF2"位用于允许变频器自然停止。

● "OFF3"位用于命令变频器快速停止。

参数"Resp_R"（收到响应）位确认来自变频器的响应。系统轮询所有激活的变频器以获取最新的变频器状态信息。每次 CPU 收到来自变频器的响应时，"Resp_R"位将接通一个扫描周期，并且以下所有值将更新：

参数"F_ACK"（故障确认）确认变频器发生故障的位。当"F_ACK"从0变为1时，变频器将清除故障（"Fault"（故障）位）。

参数"DIR"（方向）指示变频器移动方向的位。

参数"Drive"（驱动器地址）表示接收 USS_CTRL 命令的变频器地址的输入。有效地址：0~31。

参数"Type"（驱动器类型）选择变频器类型的输入。

参数"Speed_SP"（速度设定值）变频器速度，该速度是全速的一个百分数：

● "Speed_SP"为负值将导致变频器调转其旋转方向。

● 范围：−200.0%~200.0%。

"Error"输出字节包含对变频器的最新通信请求的结果。执行该指令产生的错误状况如表 35−2 所示。

参数"Status"（状态）为变频器返回的状态字的原始值。

参数"Speed"（速度）为变频器速度，该速度是全速的一个百分数。范围：−200.0%~200.0%。

参数"Run_EN"（RUN 使能）指示变频器运行状况：

● 运行中（1）。

● 已停止（0）。

参数"D_Dir"指示变频器的旋转方向。

参数"Inhibit"（禁止）指示变频器上"Inhibit"（禁止）位的状态：

● 0：未禁止。

● 1：已禁止。

要清除"Inhibit"（禁止）位，下列位必须断开：

● "Fault"。

● "RUN"。

● "OFF2"。

● "OFF3"。

参数"Fault"（故障）指示"Fault"（故障）位的状态：

● 0：无故障。

● 1：故障。

USS_CTRL 指令支持的操作数和数据类型如表 35−3 所示。

表 35−3　USS_CTRL 指令支持的操作数和数据类型

| 输入/输出 | 数据类型 | 操　作　数 |
|---|---|---|
| RUN、OFF 2、OFF 3、F_ACK、DIR | 布尔 | I、Q、M、S、SM、T、C、V、L、能流 |
| Resp_R、Run_EN、D_Dir、In-hibit、Fault | 布尔 | I、Q、M、S、SM、T、C、V、L |
| Drive、Type | 字节 | VB、IB、QB、MB、SB、SMB、LB、AC、＊VD、＊AC、＊LD、常数 |

（续）

| 输入/输出 | 数据类型 | 操 作 数 |
|---|---|---|
| Error | 字节 | VB、IB、QB、MB、SB、SMB、LB、AC、＊VD、＊AC、＊LD |
| Status | 字 | VW、T、C、IW、QW、SW、MW、SMW、LW、AC、AQW、＊VD、＊AC、＊LD |
| Speed_SP | 实数 | VD、ID、QD、MD、SD、SMD、LD、AC、＊VD、＊AC、＊LD、常数 |
| Speed | 实数 | VD、ID、QD、MD、SD、SMD、LD、AC、＊VD、＊AC、＊LD |

（3）USS_RPM_x 指令

USS 协议共有三条读取指令：

1）USS_RPM_W 指令用于读取无符号字参数。

2）USS_RPM_D 指令用于读取无符号双字参数。

3）USS_RPM_R 指令用于读取浮点参数。

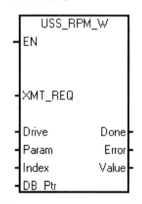

图 35-3　USS_RPM_W 指令

图 35-3 所示为读取无符号字参数的 USS_RPM_W 指令。某一时间只能有一条读取（USS_RPM_x）或写入（USS_WPM_x）指令处于激活状态。变频器确认接收到命令或出现错误条件时，USS_RPM_x 事务完成。该进程等待响应时，逻辑扫描继续执行。

"EN" 位必须接通才能启用对请求的发送，并在 "Done" 位置位之前保持接通，"Done" 位置位表示过程完成。

参数 "XMT_REQ"（传送请求）如果接通，在每次扫描时会向变频器发送 USS_RPM_x 请求。

参数 "Drive"（变频器）为要接收 USS_RPM_x 命令的变频器地址。各变频器的有效地址是 0~31。

参数 "Param" 为参数编号。

参数 "Index"（索引）为要读取的参数的索引值。

必须为 "DB_Ptr" 输入提供 16 字节缓冲区的地址。USS_RPM_x 指令使用该缓冲区存储发送到变频器的命令的结果。

当 USS_RPM_x 指令完成后，"Done"（完成）输出接通。

"Error"输出字节包含指令执行的结果。执行该指令产生的错误状况如表 35-2 所示。

参数"Value"表示参数值已恢复。

USS_RPM_x 指令完成时，"Done"（完成）输出接通，"Error"（错误）输出字节和"Value"（值）输出包含指令执行结果。"Done"（完成）输出接通之前，"Error"（错误）和"Value"（值）输出无效。

USS_RPM_x 指令支持的操作数和数据类型如表 35-4 所示。

表 35-4　USS_RPM_x 指令支持的操作数和数据类型

| 输入/输出 | 数据类型 | 操 作 数 |
|---|---|---|
| XMT_REQ | 布尔 | I、Q、M、S、SM、T、C、V、L、受上升沿检测元素控制的能流 |
| Drive | 字节 | VB、IB、QB、MB、SB、SMB、LB、AC、＊VD、＊AC、＊LD、常数 |
| Param、Index | 字 | VW、IW、QW、MW、SW、SMW、LW、T、C、AC、AIW、＊VD、＊AC、＊LD、常数 |
| DB_Ptr | 双字 | &VB |
| Value | 字 | VW、IW、QW、MW、SW、SMW、LW、T、C、AC、AQW、＊VD、＊AC、＊LD |
| | 双字、实数 | VD、ID、QD、MD、SD、SMD、LD、＊VD、＊AC、＊LD |
| Done | 布尔 | I、Q、M、S、SM、T、C、V、L |
| Error | 字节 | VB、IB、QB、MB、SB、SMB、LB、AC、＊VD、＊AC、＊LD |
| EEPROM | 布尔 | I、Q、M、S、SM、T、C、V、L、能流 |

（4）USS_WPM_x 指令

USS 协议共有三种写入指令，如图 35-4 所示。

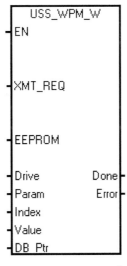

图 35-4　USS_WPM_W 指令

1）USS_WPM_W 指令用于写入无符号字参数。

2）USS_WPM_D 指令用于写入无符号双字参数。

3）USS_WPM_R 指令用于写入浮点参数。

图 35-4 所示为写入无符号字参数的 USS_WPM_W 指令。某一时间只能有一条读取（USS_RPM_x）或写入（USS_WPM_x）指令处于激活状态。变频器确认接收命令或出现错误条件时，USS_WPM_x 事务完成。该进程等待响应时，逻辑扫描继续执行。

"EN"位必须接通才能启用对请求的发送，并在"Done"位置位之前保持接通，"Done"位置位表示过程完成。

参数"XMT_REQ"（传送请求）如果接通，在每次扫描时向变频器发送 USS_WPM_x 请求。

参数"EEPROM"输入接通时可写入到变频器的 RAM 和 EEPROM，关闭时只能写入到 RAM。

参数"Drive"（变频器）为 USS_WPM_x 命令要发送的变频器地址。各变频器的有效地址是 0~31。

参数"Param"为参数编号。

参数"Index"（索引）为要写入的参数索引值。

参数"Value"为要写入到变频器 RAM 的参数值。

必须为"DB_Ptr"输入提供 16 字节缓冲区的地址。USS_RPM_x 指令使用该缓冲区存储发送到变频器的命令的结果。

当 USS_WPM_x 指令完成后，"Done"（完成）输出接通。

"Error"输出字节包含指令执行的结果。执行该指令产生的错误状况如表 35-2 所示。

USS_WPM_x 指令完成时，"Done"（完成）输出接通，"Error"（错误）输出字节包含指令执行结果。直到"Done"（完成）输出接通，"Error"（错误）输出才有效。

USS_WPM_x 指令支持的操作数和数据类型如表 35-5 所示。

表 35-5　USS_WPM_x 指令支持的操作数和数据类型

| 输入/输出 | 数据类型 | 操　作　数 |
|---|---|---|
| XMT_REQ | 布尔 | I、Q、M、S、SM、T、C、V、L、受上升沿检测元素控制的能流 |
| Drive | 字节 | VB、IB、QB、MB、SB、SMB、LB、AC、＊VD、＊AC、＊LD、常数 |
| Param、Index | 字 | VW、IW、QW、MW、SW、SMW、LW、T、C、AC、AIW、＊VD、＊AC、＊LD、常数 |
| DB_Ptr | 双字 | &VB |
| Value | 字 | VW、IW、QW、MW、SW、SMW、LW、T、C、AC、AQW、＊VD、＊AC、＊LD |
| | 双字、实数 | VD、ID、QD、MD、SD、SMD、LD、＊VD、＊AC、＊LD |
| Done | 布尔 | I、Q、M、S、SM、T、C、V、L |
| Error | 字节 | VB、IB、QB、MB、SB、SMB、LB、AC、＊VD、＊AC、＊LD |
| EEPROM | 布尔 | I、Q、M、S、SM、T、C、V、L、能流 |

## 编程示例

通过 USS 电缆连接 V20 变频器和 S7-200 SMART。

### 1. 设置变频器参数

首先恢复出厂默认设置，设置变频器参数 P0010＝30，P0970＝1 。

变频器基本参数设置中，输入电动机相关数据：P0100，P0304，P0305，P0307，P0308，P0310，P0311，P1900。

接下来要设置与 USS 通信相关参数。与 S7-200 SMART 实现 USS 通信时，需要设置的主要有"控制源"和"设定源"两组参数。要设置此类参数，需要"专家"级参数访问级别，即要将 P0003 参数设置为 3。控制源参数 P0700 设置为 5，表示变频器从端子的 USS 接口接受控制信号。此参数有索引，此处仅设置第一组，即 P0700.0＝5。设定控制源参数 P1000.0＝5，表示变频器从端子的 USS 接口接受设定值。

P2023 为 RS485 通信口协议选择，默认为 1 表示 USS 协议。

P2010 参数设置 COM Link 上的 USS 通信速率，等于 6 表示波特率为 9600 bit/s。

P2011 参数设置变频器 COM Link 上的 USS 通信口在网络上从站地址。

P2012 设置为 2，即 USS PZD 区长度为 2 个字长。

P2013 设置为 127，即 USS PKW 区的长度可变。

### 2. 组态参数

打开 STEP 7 Micro/WIN SMART 软件，双击项目树下的"系统块"，设置 RS-485 通信断开的地址为 2，波特率为 9.6 kbit/s，如图 35-5 所示。

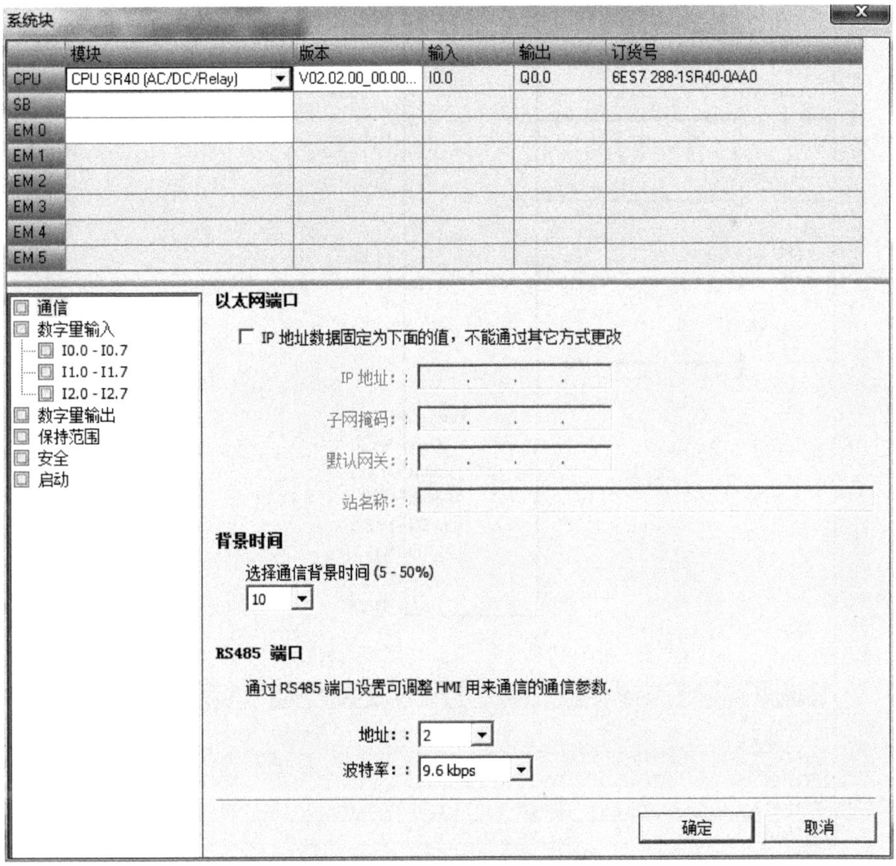

图 35-5　系统块设置对话框

## 3. 编写程序

编写程序如图 35-6 所示。

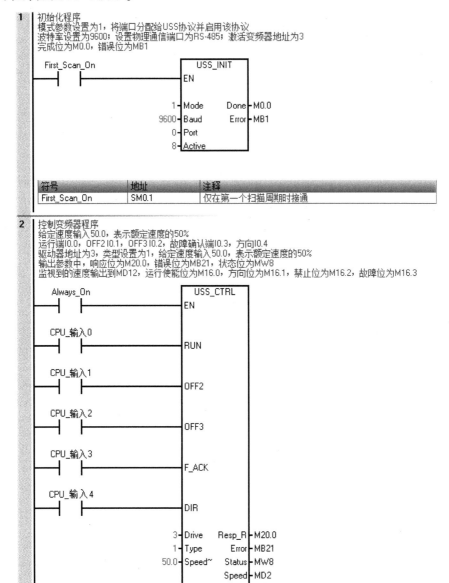

图 35-6 程序图

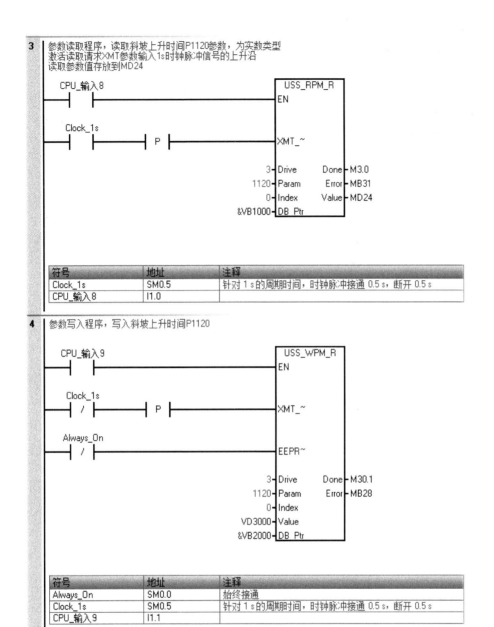

3　参数读取程序，读取斜坡上升时间P1120参数，为实数类型
　激活读取请求XMT参数输入1s时钟脉冲信号的上升沿
　读取参数值存放到MD24

| 符号 | 地址 | 注释 |
| --- | --- | --- |
| Clock_1s | SM0.5 | 针对 1 s 的周期时间，时钟脉冲接通 0.5 s，断开 0.5 s |
| CPU_输入8 | I1.0 | |

4　参数写入程序，写入斜坡上升时间P1120

| 符号 | 地址 | 注释 |
| --- | --- | --- |
| Always_On | SM0.0 | 始终接通 |
| Clock_1s | SM0.5 | 针对 1 s 的周期时间，时钟脉冲接通 0.5 s，断开 0.5 s |
| CPU_输入9 | I1.1 | |

图 35-6　程序图（续）

#### 4. 分配存储区

使用 USS 库指令，需要为其分配存储区。右键单击项目树"程序块"下的"库"选择"库存储器"，在打开的"库存储器分配"对话框中单击"建议地址"按钮采用默认地址即可，如图 35-7 所示。

编译通过后下载，程序编写完成。

#### 5. 运行测试

（1）单击"PLC"菜单下的"运行"按钮运行项目。

（2）单击"调试"菜单下的"程序状态"按钮在线观察程序的执行情况。

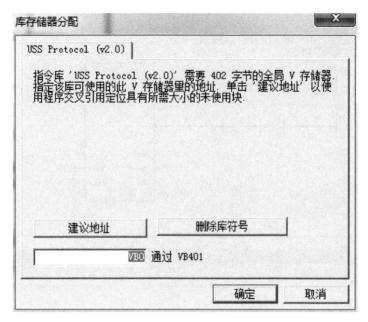

图 35-7 存储器分配对话框

（3）在"状态图表"中输入地址 I0.0，I0.1，I0.2，I0.3，I0.4，MD12，MD12 格式为浮点。单击状态图表的工具栏"图表状态"按钮，观察上述地址的当前值。

（4）按下 I0.0，电动机起动，观察电动机是否按照设定频率运行。

（5）拨动 I0.4，观察电动机是否改变运行方向。

（6）按下 I0.1，变频器停止运行。

（7）读写参数。在状态图表中，输入地址 I1.0，I1.1，MD24，VD3000，修改 MD24 和 VD3000 格式为浮点数。按下 I1.0 按钮，发现 MD24 的值为 5.0，即读取的斜坡上升时间为 5 s。在状态图表新值列输入 VD3000 的值为 10.0，单击状态图表的工具栏"写入"按钮。

（8）按下 I1.1，修改参数 P1120 的值。

（9）按下 I1.0，重新读取斜坡上升时间，变为 10.0s。

# 项目 36    使用 S7-200 SMART 的运动控制向导

## 项目要求

使用 S7-200 SMART 的运动控制向导组态 S7-200 SMART 的运动控制功能。

## 项目分析

S7-200 SMART 的运动控制向导功能可以组态单轴、开环位置控制功能。提供高速控制，速度从每秒 20 个脉冲到每秒 100000 个脉冲；支持急停（S 曲线）或线性的加速、减速功能；控制系统的测量单位既可以使用工程单位（如英寸或厘米），也可以使用脉冲数；提供可组态的反冲补偿；支持绝对、相对和手动位控方式；提供连续操作；提供多达 32 个移动曲线，每个曲线最多可有 16 种速度，提供 4 种不同的参考点寻找模式，每种模式都可对起始的寻找方向和最终的接近方向进行选择；提供 SINAMICS V90 驱动器的相关支持。

运动控制具有 6 个数字量输入和四个数字量输出，用于连接运动应用，见表 36-1。这些输入和输出位于 CPU 上。

表 36-1    要组态的运动控制 CPU 输入

| 信　　号 | 说　　明 |
| --- | --- |
| STP | STP 输入可使 CPU 停止正在进行的运动。在运动向导中可选择所需 STP 操作 |
| RPS | RPS（参考点切换）输入可为绝对运动操作建立参考点或零点位置。某些模式下，也可通过 RPS 输入使正在进行的运动在行进指定距离后停止 |
| ZP | ZP（零脉冲）输入可帮助建立参考点或零点位置。通常，电动机每转一圈，电动机驱动器/放大器就会产生一个 ZP 脉冲<br>注：仅在 RP 搜索模式 3 和 4 中使用 |
| LMT+LMT- | LMT+ 和 LMT- 输入是运动行程的最大限制。运动向导允许您组态 LMT+ 和 LMT- 输入操作 |
| TRIG | 某些模式下，TRIG（触发）输入会触发 CPU，使正在进行的运动在行进指定距离后停止 |
| P0P1 | P0 和 P1 为脉冲输出，用以控制电动机的运动和方向 |
| DIS | DIS 输出用来禁用或启用电动机驱动器/放大器 |

使用 S7-200 SMART 的运动控制向导做开环位置控制，基本步骤包括：

（1）根据所选择的伺服电动机驱动器，完成模板接线。

（2）通过 STEP 7 Micro/Win SMART 软件的运动控制向导配置运动轴的运动参数、运动轨迹包络等。

（3）编写 S7-200 SMART 控制程序。

（4）使用 STEP 7 Micro/Win SMART 软件的运动控制面板进行调试。

S7-200 SMART PLC 和伺服电动机驱动器的接线请参照参考文献及相关手册。

## 编程示例

### 1. 使用 STEP 7 Micro/Win SMART 软件的运动控制向导组态运动轴

下面说明 STEP 7 Micro/Win SMART 软件的运动控制向导组态运动轴的方法。启动 STEP 7 Micro/Win SMART 软件，选择"项目树"→"向导"→"运动"功能；或者选择"工具"→"运动向导"（Tools→Motion Wizard）菜单命令，如图 36-1 所示。

图 36-1　启动运动控制向导

单击"运动"，打开运动控制向导，如图 36-2 所示，选择要组态的轴。

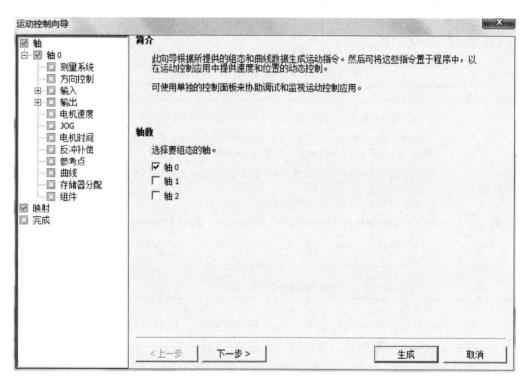

图 36-2　运动轴选择对话框

单击图 36-2 所示"下一步"按钮，进入运动轴命名对话框，如图 36-3 所示。

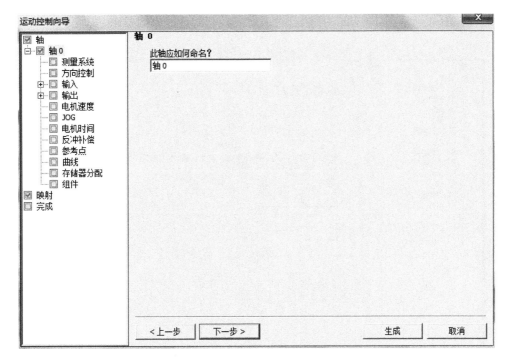

图 36-3　运动轴命名对话框

单击图 36-3 所示"下一步"按钮，进入系统测量单位配置对话框，如图 36-4 所示。

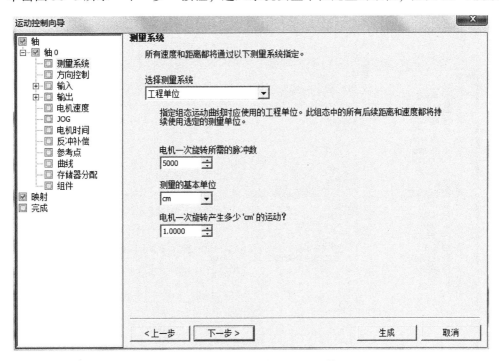

图 36-4　系统测量单位配置对话框

单击图36-4所示"下一步"按钮，进入方向控制对话框，如图36-5所示。

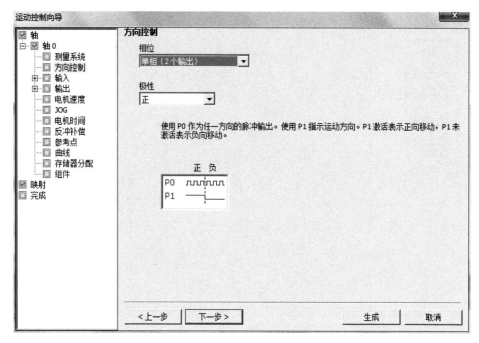

图36-5 方向控制对话框

单击图36-5所示"下一步"按钮，开始配置运动轴的输入参数。首先进入正方向行程限制对话框，如图36-6所示。

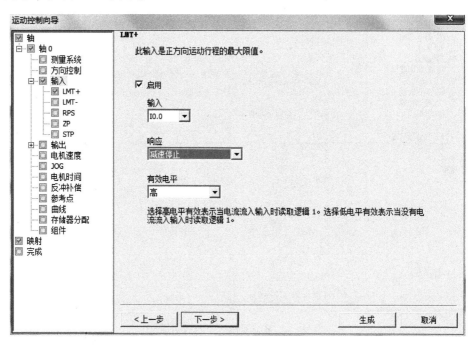

图36-6 正方向行程限制对话框

单击图 36-6 所示"下一步"按钮，设置负方向运动行程最大限制，如图 36-7 所示。

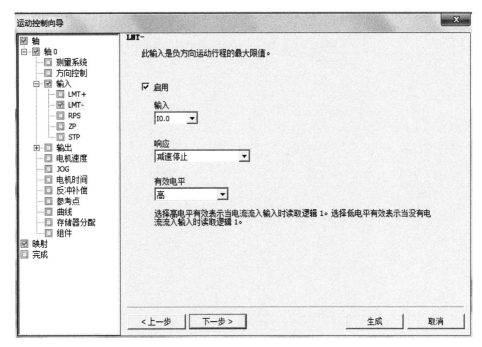

图 36-7　负方向行程限制对话框

单击图 36-7 所示"下一步"按钮，设置参考点输入，如图 36-8 所示。

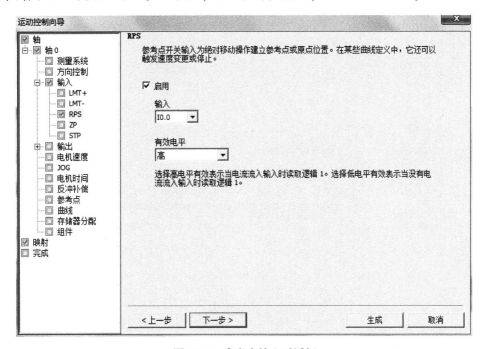

图 36-8　参考点输入对话框

单击图 36-8 所示"下一步"按钮，设置零脉冲输入，如图 36-9 所示。

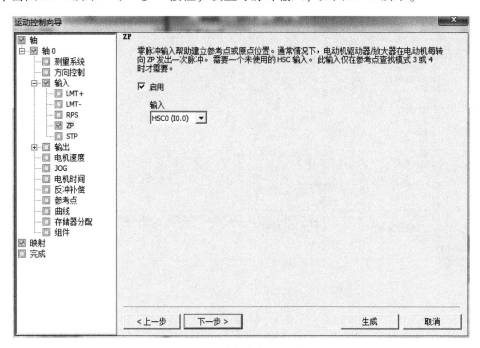

图 36-9　零脉冲输入对话框

单击图 36-9 所示"下一步"按钮，设置运行停止输入，如图 36-10 所示。

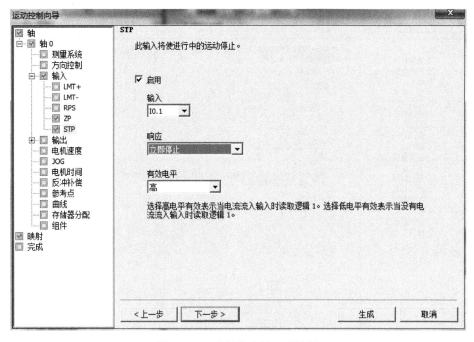

图 36-10　运行停止输入对话框

单击图 36-10 所示"下一步"按钮，开始进行运动轴的输出配置，如图 36-11 所示。

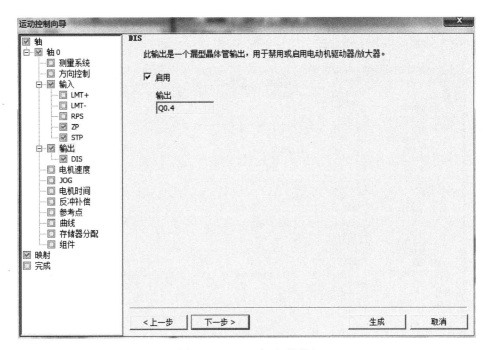

图 36-11　DIS 配置对话框

　　此输出是一个漏型晶体管输出，用于禁用或启用电动机驱动器/放大器。若勾选启用选项，则 Q0.4 作为输出。单击图 36-11 所示"下一步"按钮，进入"定义电机速度"对话框，如图 36-12 所示。在此定义电动机的最高速度（MAX_SPEED）和电动机的起动/停止速度（SS_SPEED）。

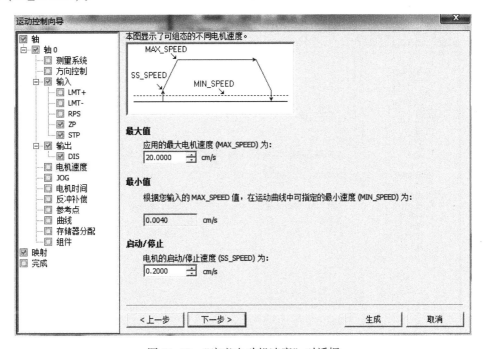

图 36-12　"定义电动机速度"对话框

单击图 36-12 所示"下一步"按钮,进入"手动参数设置"对话框,如图 36-13 所示,定义手动操作的速度以及手动操作时间少于 0.5 s 时增量运动的距离等。

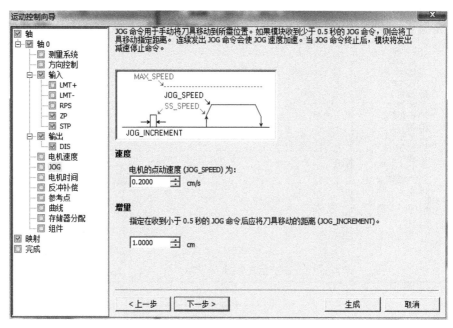

图 36-13 "手动参数设置"对话框

单击图 36-13 所示"下一步"按钮,进入"加减速时间参数设置"对话框,如图 36-14 所示,在此设置从"启动运动的位置"到"设定速度"的加速度时间"ACCEL_TIME"和运动到终点位置的减速度时间"DECEL_TIME"。

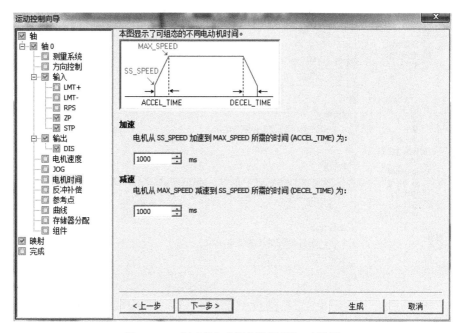

图 36-14 "加减速时间参数设置"对话框

单击图 36-14 所示"下一步"按钮，进入"定义反冲补偿"对话框，如图 36-15 所示。反冲补偿值是电动机为消除系统中在方向改变时出现的机械松弛（反冲）而必须移动的距离。在图 36-15 所示对话框中可以设置反冲补偿值。

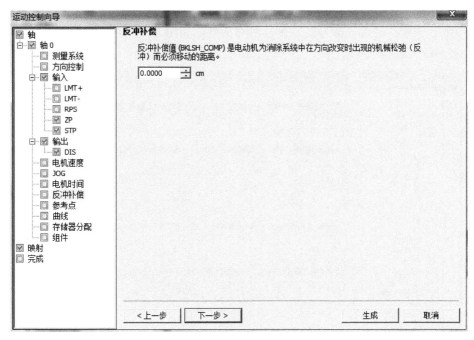

图 36-15 "定义反冲补偿"对话框

单击图 36-15 所示"下一步"按钮，进入"配置模板参考点"对话框，如图 36-16 所

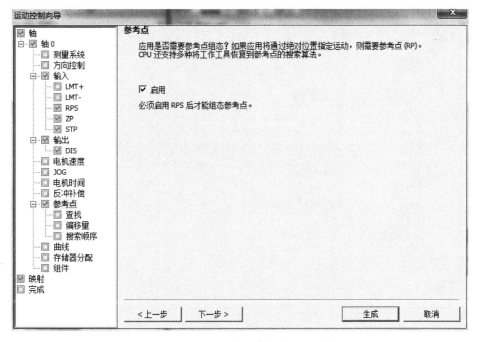

图 36-16 "配置模板参考点"对话框

示，在此设置是否需要配置参考点，如果选择不需要配置，则需要定义运动曲线，本例选择配置参考点，则进入"参考点"参数设置对话框，如图 36-17 所示，在此设置找寻参考点的快速移动速度"RP_FAST"，精确定位移动速度"RP_SLOW"，运动方向"RP_SEEK_DIR"，确定原点的机械位置在原点开关的左侧或右侧"RP_APPR_DIR"。单击图 36-17 所示"下一步"按钮，进入"参考点"偏移量对话框，如图 36-18 所示，在此设置参考点偏移量"RP_OFFSET"。

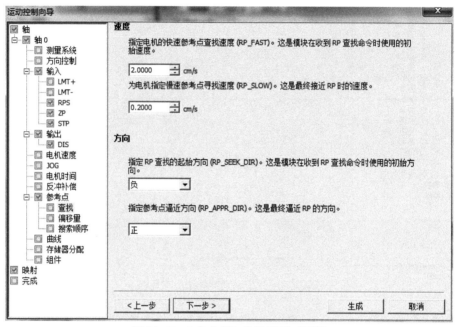

图 36-17 "参考点"参数设置对话框

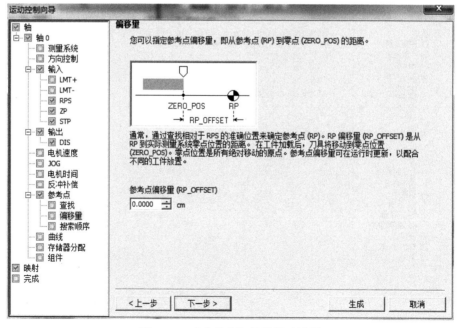

图 36-18 "参考点"偏移量对话框

单击图 36-18 所示"下一步"按钮，进入"参考点搜索顺序"对话框，如图 36-19 所示，设置参考点的搜索顺序。

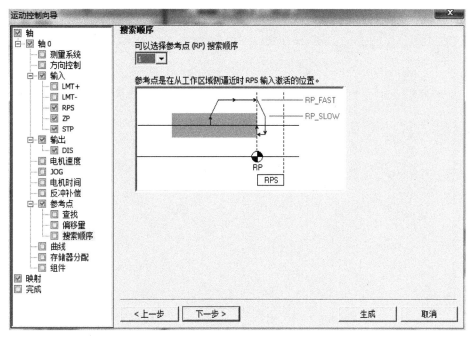

图 36-19 "参考点搜索顺序"对话框

单击图 36-19 所示"下一步"按钮，进入"曲线定义"对话框，如图 36-20 所示。增加一个新的曲线。

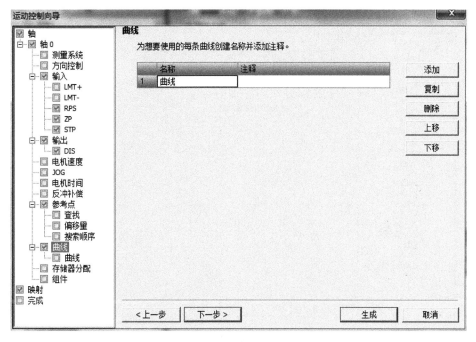

图 36-20 "曲线定义"对话框

单击图 36-20 "下一步"按钮，进入"运动轨迹曲线"设置对话框，如图 36-21 所示。定义运动曲线的运行模式以及每一段运动轨迹的运动速度、位置、运动轨迹的名称、运动轨迹的每一个步骤等。

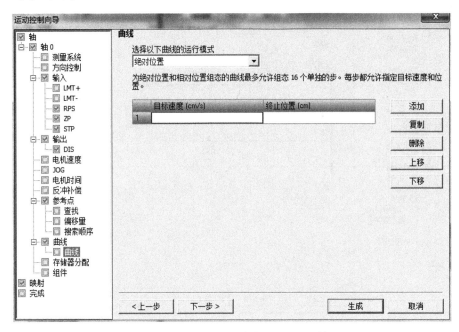

图 36-21 "运动轨迹曲线"设置对话框

单击图 36-21 所示"下一步"按钮，进入"存储器分配"对话框，如图 36-22 所示，指定数据块中放置组态的起始地址。

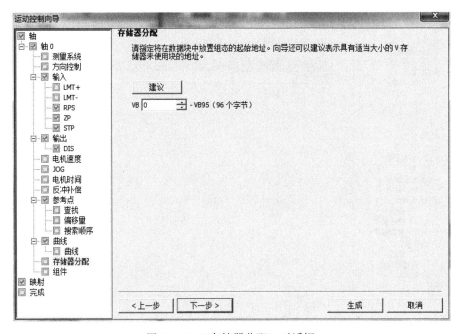

图 36-22 "存储器分配"对话框

单击图 36-22 所示"下一步"按钮，进入"组件"对话框，如图 36-23 所示。在图 36-23 中可以看出系统自动生成了 12 个子程序，每一个子程序，都是以"AXIS0_"作为名称前缀。

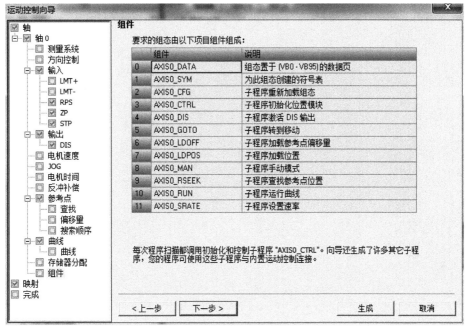

图 36-23 "组件"对话框

单击图 36-23"下一步"对话框，进入"映射"对话框，如图 36-24 所示。在此可查看 I/O 映射表。

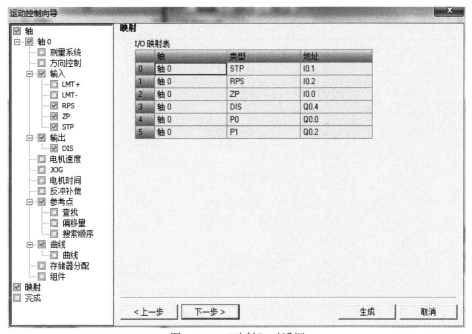

图 36-24 "映射"对话框

单击图 36-24 所示"下一步"按钮，进入"完成"对话框，如图 36-25 所示，单击"生成"按钮，完成向导的配置。

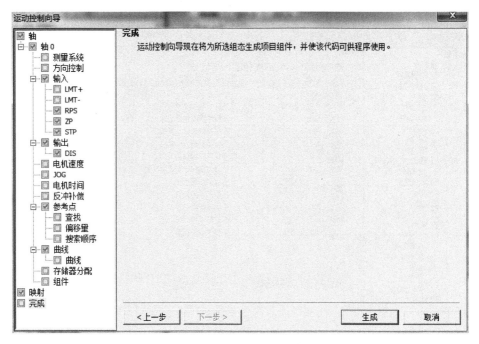

图 36-25 "完成"对话框

向导配置完成后，系统自动生成了 11 条运动指令，由于每条运动指令都是一个子程序，所以 11 条运动指令使用 11 个子程序，运动指令见表 36-2。每一个子程序都是以"AXISx_"作为名称前缀，这里的"x"代表轴通道编号。

表 36-2 运动控制指令

| 序号 | 运动控制子例程 | 说 明 |
|---|---|---|
| 1 | AXISx_CTRL | 提供轴的初始化和全面控制 |
| 2 | AXISx_MAN | 用于轴的手动模式操作 |
| 3 | AXISx_GOTO | 命令轴转到指定位置 |
| 4 | AXISx_RUN | 命令轴执行已组态的运动曲线 |
| 5 | AXISx_RSEEK | 启动参考点查找操作 |
| 6 | AXISx_LDOFF | 建立一个偏移参考点位置的新零点位置 |
| 7 | AXISx_LDPOS | 将轴位置更改为新值 |
| 8 | AXISx_SRATE | 修改已组态的加速、减速和急停补偿时间 |
| 9 | AXISx_DIS | 控制 DIS 输出 |
| 10 | AXISx_CACHE | 预先缓冲已组态的运动曲线 |
| 11 | AXISx_CFG | 根据需要读取组态块并更新轴设置 |
| 12 | AXISx_RDPOS | 返回当前轴位置 |
| 13 | AXISx_ABSPOS | 通过 SINAMICS V90 伺服驱动器读取绝对位置值 |

## 2. 相关子程序

（1）AXISx_CTRL 子程序

该子程序启用和初始化运动轴，方法是自动命令运动轴每次 CPU 更改为 RUN 模式时加载组态/曲线表。在项目中只对每条运动轴使用此子例程一次，并确保程序会在每次扫描时调用此子例程。使用 SM0.0（始终开启）作为 EN 参数的输入，如图 36-26 所示。其中，输入参数"EN"启动 CTRL 命令；MOD_EN 参数必须开启，才能启用其他运动控制子例程向运动轴发送命令。如果 MOD_EN 参数关闭，则运动轴将中止进行中的任何指令并执行减速停止。AXISx_CTRL 子例程的输出参数提供运动轴的当前状态。输出参数"Done，Error，C_Pos，C_Speed，C_Dir"提供了当前运动状态、出错信息、运行位置、运行速度、运行方向，借助监测"AXISx_CTRL"命令的输出参数，可以判断当前的运动状态。当运动轴完成任何一个子例程时，Done 参数会开启。

（2）AXISx_MAN 子程序

图 36-27 所示的 AXISx_MAN 子程序将运动轴置为手动模式。这允许电动机按不同的速度运行，或沿正向或负向慢进。

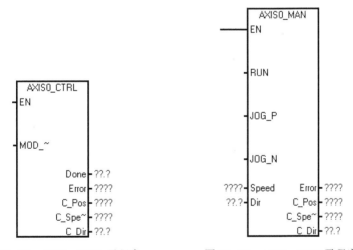

图 36-26　AXISx_CTRL 子程序　　　图 36-27　AXISx_MAN 子程序

只有在"POSx_CTRL""POSx_DIS"（如果存在的话）命令被执行后，才允许执行本命令。通过判断 CTRL 命令输出参数"Done"的状态，确保模板在没有执行任何其他运动控制之前，启动 MAN 命令；同一个时间内，只能对其中一个输入参数"RUN""JOG_P"或者"JOG_N"做置位使能操作；置位操作输入参数"EN"，发送手动操作命令给运动轴。

置位输入参数"RUN"，可以使电动机按照参数指定的速度（Speed 参数）和方向（Dir 参数）运动。当电动机运转的时候，用户可以改变 Speed 参数大小，但是不可以改变 Dir 参数。复位输入参数"RUN"，可以使电动机减速直到停止。速度参数（Speed）定义了运动的速度大小。如果运动轴所定义的系统测量单位为"脉冲数/秒"，则速度参数应该使用 DINT 数据类型定义。如果运动轴所定义的系统测量单位为"距离单位/秒"，则速度参数应该使用 REAL 数据类型定义。

启用 JOG_P（点动正向旋转）或 JOG_N（点动反向旋转）参数会命令运动轴正向或反

向点动。如果 JOG_P 或 JOG_N 参数保持启用的时间短于 0.5 s，则运动轴将通过脉冲指示移动 JOG_INCREMENT 中指定的距离。如果 JOG_P 或 JOG_N 参数保持启用的时间为 0.5 s 或更长，则运动轴将开始加速至指定的 JOG_SPEED。

输出参数"Dir，Error，C_Pos，C_Speed"提供了运动轴的当前运动方向、出错信息、运行位置、运动速度。

（3）AXISx_GOTO 子程序

该子程序可以使机械设备按照"GOTO"命令给出的速度值、位置值，以指定的操作模式运动到相应的机械设备坐标系位置，如图 36-28 所示。

只有在"AXISx_CTRL""AXISx_DIS""AXISx_RSEEK"（如果存在的话）命令被执行以后，才允许执行"AXISx_GOTO"命令；借助判断 CTRL 命令输出参数"Done"的状态，确保模板在没有执行任何其他运动控制之前，启动 GOTO 命令。

置位操作输入参数"EN"，为了确保仅发送了一个 GOTO 命令，请使用边沿检测元素用脉冲方式开启 START 参数。

置位输入参数"Abort"，用于命令运动轴停止执行此命令并减速，直至电动机停止。

输入参数"Pos，Speed"，决定了 GOTO 命令所指定的运动位置、速度。

输入参数"Mode"，决定了 GOTO 命令所指定的运动操作模式（0：绝对方式；1：相对方式；2：单速连续正向旋转；3：单速连续反向旋转）。若 Mode 参数设置为 0，则必须首先用 AXISx_RSEEK 或者 AXISx_LDPOS 指令建立参考点位置。

输出参数"Done，Error，C-Pos，C_Speed"，提供了运动轴的当前运行状态、出错信息、运行位置、运行速度等。

（4）AXISx_RUN 子程序

该子程序命令运动轴按照存储在组态/曲线表的特定曲线执行运动操作，如图 36-29 所示。

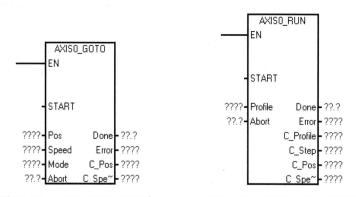

图 36-28　AXISx_GOTO 子程序　　　　图 36-29　AXISx_RUN 子程序

只有在"AXISx_CTRL""AXISx_DIS""AXISx_RSEEK"命令被执行以后，才允许执行 RUN 命令；借助判断 CTRL 命令输出参数"Done"的状态，确保模板在没有执行任何其他运动控制之前，启动 RUN 命令。

置位操作输入参数"EN"，为了确保仅发送了一个 RUN 命令，请使用边沿检测元素用脉冲方式开启 START 参数。

置位输入参数"Abort"，用于命令运动轴停止执行此命令并减速，直至电动机停止。

输入参数"Profile"，Profile 参数包含运动曲线的编号或符号名称。"Profile"输入必须介于 0~31 之间，否则子例程将返回错误。

输出参数"Done"为 1 时，指示子例程执行已经完成。

输出参数"Done，Error，C_Profile，C_Step，C_Pos，C_Speed"提供了运动轴的当前运动状态、出错信息、运动轨迹（包络编号、运动轨迹包络中的运行阶段）、运行位置、运动速度。

（5）AXISx_RSEEK 子程序

图 36-30 所示的 AXISx_RSEEK 子程序使用组态/曲线表中的搜索方法启动参考点搜索操作。运动轴找到参考点且运动停止后，运动轴将 RP_OFFSET 参数值载入当前位置。

RP_OFFSET 的默认值为 0。可使用运动控制向导、运动控制面板或 AXISx_LDOF（加载偏移量）子例程来更改 RP_OFFSET 值。

编程使用时需借助判断 CTRL 命令输出参数"Done"的状态，确保模板在没有执行任何其他运动控制之前，启动 RSEEK 命令。

置位操作输入参数"EN"，对于在 START 参数开启且运动轴当前不繁忙时执行的每次扫描，该子例程向运动轴发送一个 RSEEK 命令。为了确保仅发送了一个 RUN 命令，请使用边沿检测元素用脉冲方式开启 START 参数。

图 36-30　AXISx_RSEEK
子程序

输出参数"Done"为 1 时，指示子例程执行已经完成。

输出参数"Error"提供了运动轴的当前出错信息。

（6）AXISx_LDOFF 子程序

AXISx_LDOFF 子程序建立一个与参考点处于不同位置的新的零位置。在执行该子例程之前，必须首先确定参考点的位置，还必须将机器移至起始位置。当子例程发送 LDOFF 命令时，运动轴计算起始位置（当前位置）与参考点位置之间的偏移量。运动轴然后将算出的偏移量存储到 RP_OFFSET 参数并将当前位置设为 0。将起始位置建立为零位置。如果电动机失去对位置的追踪（例如断电或手动更换电动机的位置），可以使用 AXISx_RSEEK 子例程自动重新建立零位置。

图 36-31 所示为 AXISx_LDOFF 命令，编程使用时需借助判断 CTRL 命令输出参数"Done"的状态，确保模板在没有执行任何其他运动控制之前，启动 LDOFF 命令。

置位操作输入参数"EN"，对于在 START 参数开启且运动轴当前不繁忙时执行的每次扫描，该子例程向运动轴发送一个 RSEEK 命令。为了确保仅发送了一个 RUN 命令，请使用边沿检测元素用脉冲方式开启 START 参数。

输出参数"Done"为 1 时，指示子例程执行已经完成。

输出参数"Error"提供了运动轴的当前出错信息。

（7）AXISx_LDPOS 子程序

该命令将运动轴中的当前位置值更改为新值。还可以使用本子例程为任何绝对移动命令建立一个新的零位置"New_Pos"，如图 36-32 所示。

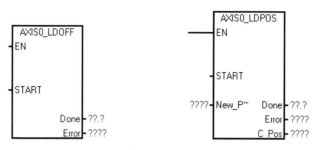

图 36-31　AXISx_LDOFF 子程序　　　图 36-32　AXISx_LDPOS 子程序

编程使用时，需借助判断 CTRL 命令输出参数"Done"的状态，确保运动轴在没有执行任何其他运动控制之前，启动 LDPOS 命令。

置位操作输入参数"EN"，开启 START 参数将向运动轴发出 LDPOS 命令。对于在 START 参数开启且运动轴当前不繁忙时执行的每次扫描，该子例程向运动轴发送一个 LDPOS 命令。为了确保仅发送了一个命令，请使用边沿检测元素用脉冲方式开启 START 参数。输入参数"New_Pos"，定义了新的配置参数"当前的机械坐标位置值"。

输出参数"Done"为 1 时，指示子例程执行已经完成。

输出参数"Error，C_Pos"提供了运动轴的当前出错信息、运行位置。

（8）AXISx_SRATE 子程序

该子程序命令运动轴更改加速、减速和急停时间，如图 36-33 所示。

编程使用时，需借助判断 CTRL 命令输出参数"Done"的状态，确保模板在没有执行任何其他运动控制之前，启动 SRATE 命令。

置位操作输入参数"EN"，开启 START 参数会将新时间值复制到组态/曲线表中，并向运动轴发出一个 SRATE 命令。对于在 START 参数开启且运动轴当前不繁忙时执行的每次扫描，该子例程向运动轴发送一个 SRATE 命令。为了确保仅发送了一个命令，请使用边沿检测元素用脉冲方式开启 START 参数。

输入参数"ACCEL_Time、DECEL_Time、JERK_Time"定义了新的加速时间、减速时间以及急停时间，单位为毫秒（ms）。

输出参数"Done"为 1 时，指示子例程执行已经完成。

输出参数"Error"提供了运动轴的当前出错信息。

（9）AXISx_DIS 子程序

该命令将运动轴的 DIS 输出打开或关闭，这允许将 DIS 输出用于禁用或启用电动机控制器，如图 36-34 所示。

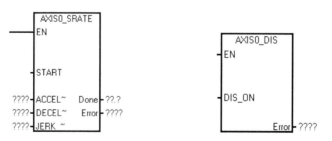

图 36-33　AXISx_SRATE 子程序　　　图 36-34　AXISx_DIS 子程序

如果在运动轴中使用 DIS 输出，可以在每次扫描时调用该子例程，或者仅在需要更改 DIS 输出值时进行调用，使用外部信号（如"紧急停止信号"）置位操作输入参数"DIS_ON"，发送 DIS 命令给运动轴，控制输出端子 DIS，使能操作电动机驱动器，复位操作输入参数"DIS_ON"，则停止输出端子 DIS，非使能操作电动机驱动器；输出参数"Error"，提供了运动轴的当前出错信息。

（10）AXISx_CFG 子程序

该子程序命令运动轴从组态/曲线表指针指定的位置读取组态块。运动轴然后将新组态与现有组态进行比较，并执行任何所需的设置更改或重新计算。

图 36-35 所示为 AXISx_CFG 命令，编程使用时需借助判断 CTRL 命令输出参数"Done"的状态，确保运动轴在没有执行任何其他运动控制之前，启动 CFG 命令。

置位操作输入参数"EN"，开启 START 参数将向运动轴发出 CFG 命令。对于在 START 参数开启且运动轴当前不繁忙时执行的每次扫描，该子例程向运动轴发送一个 CFG 命令。为了确保仅发送了一个命令，请使用边沿检测元素用脉冲方式开启 START 参数。

输出参数"Done"为 1 时，指示子例程执行已经完成。

输出参数"Error"提供了运动轴的当前出错信息。

（11）AXISx_CACHE 子程序

该子程序命令运动曲线在执行前先缓冲。这可在执行前预先缓冲所需命令。预先缓冲可缩短从执行运动指令到开始运动的时间，并可带来一致性。

图 36-36 所示为 AXISx_CACHE 命令，编程使用时需借助判断 CTRL 命令输出参数"Done"的状态，确保运动轴在没有执行任何其他运动控制之前，启动 AXISx_CACHE 命令。

图 36-35　AXISx_CFG 子程序　　图 36-36　AXISx_CACHE 子程序

置位操作输入参数"EN"，确保 EN 位保持开启，直至 Done 位指示子例程执行已经完成。

开启 START 参数将向运动轴发出 CACHE 命令。对于在 START 参数开启且运动轴当前不繁忙时执行的每次扫描，该子例程向运动轴发送一个 CACHE 命令。为了确保仅发送了一个命令，请使用边沿检测元素用脉冲方式开启 START 参数。

输入参数"Profile"包含运动曲线的编号或符号名称。"Profile"输入必须介于 0～31 之间，否则子例程将返回错误。

输出参数"Done"为 1 时，指示子例程执行已经完成。

输出参数"Error"提供了运动轴的当前出错信息。

**3. 应用举例**

下面给出两个使用运动控制向导的例子。第一个是相对运动的例子，完成一个切割长度的操作。该例子不需要 RP 寻找模式或添加曲线，长度可以是脉冲数或工程单位。输入长度

（VD500）和目标速度（VD504），当启动（I0.0）接通时，设备启动。当停止（I0.1）接通时，设备完成当前操作则停止。当紧急停止（I0.2）接通时，设备终止任何运动并立即停止。程序清单及注释如图 36-37 所示。

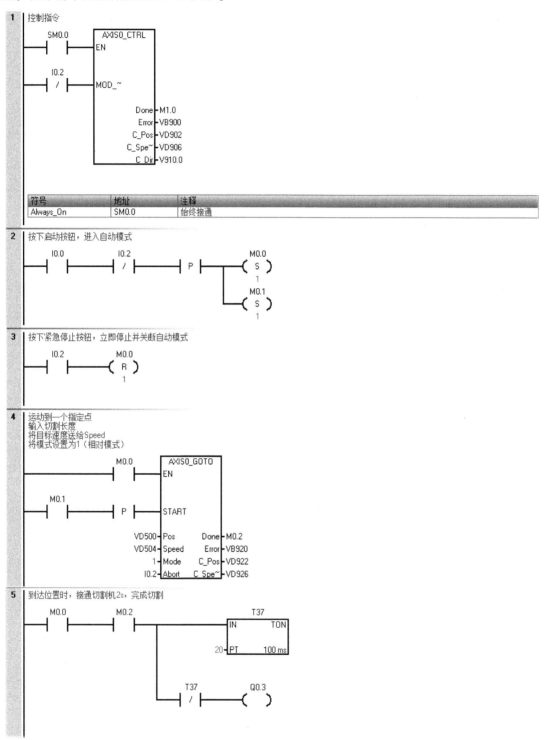

图 36-37　主程序

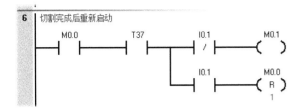

图 36-37　主程序（续）

第二个例子需要组态 RP 找寻模式和一个移动包络，程序及注释如图 36-38 所示。

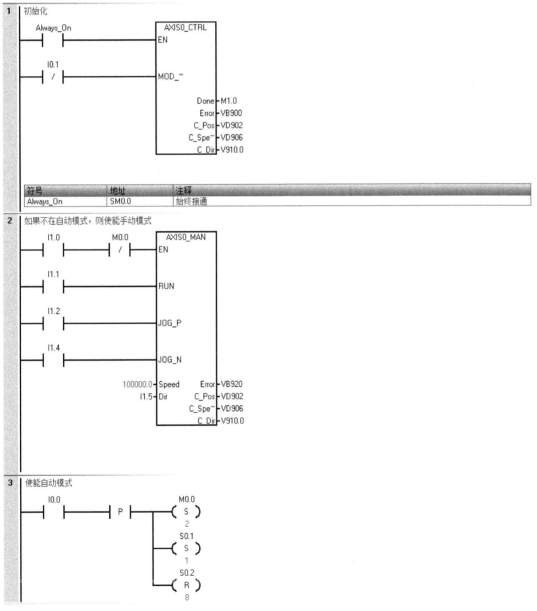

图 36-38　主程序

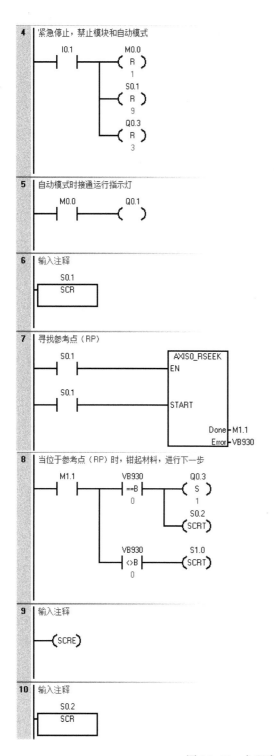

图 36-38　主程序（续）

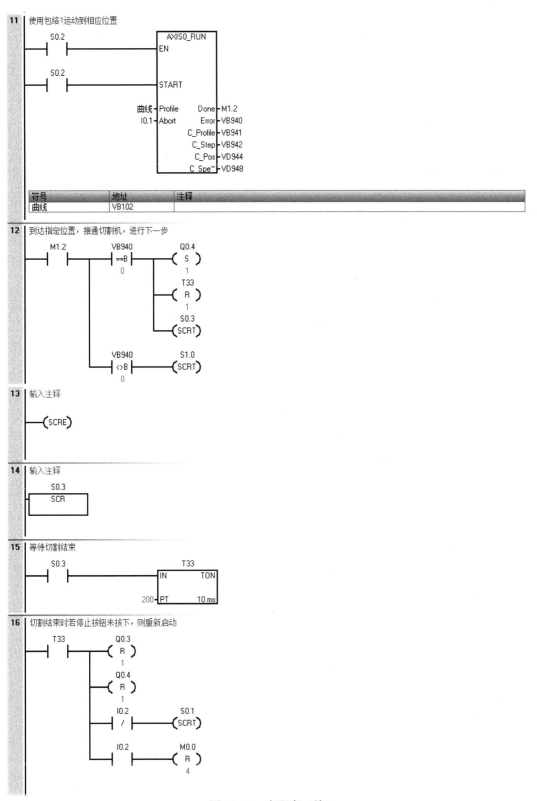

**11** 使用包络1运动到相应位置

AXIS0_RUN

| 符号 | 地址 | 注释 |
|---|---|---|
| 曲线 | VB102 | |

**12** 到达指定位置，接通切割机，进行下一步

**13** 输入注释

**14** 输入注释

**15** 等待切割结束

**16** 切割结束时若停止按钮未按下，则重新启动

图 36-38　主程序（续）

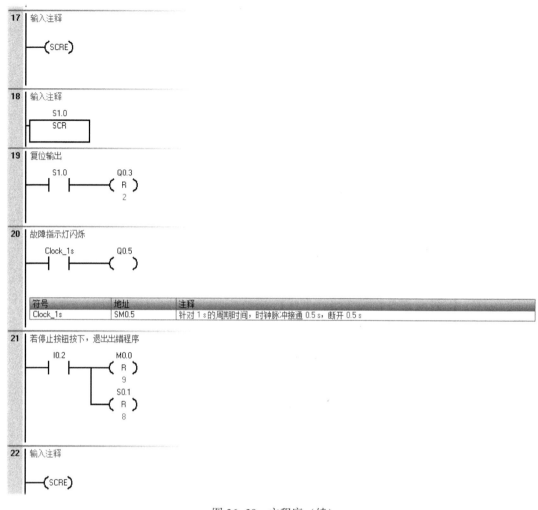

图 36-38　主程序（续）

### 4. 使用运动控制面板

STEP 7 Micro/Win SMART 软件提供了一个运动控制面板用于帮助开发运动控制方案，对开发过程的启动和测试阶段进行监控，如图 36-39 所示。

使用运动控制面板可以验证运动轴是否正确接线，调整配置运动控制参数，测试各条运动曲线。

图 36-39 中的"操作"节点显示当前运动轴的运行速度、位置和方向信息，还可以看到输入、输出 LED 的状态（不包括"脉冲 LED"信息）。在 CPU 处于 STOP 模式下，通过控制面板可以与运动轴进行交互，可以更改速度和方向、停止和启动运动以及使工具点动运行。

运动控制面板可以执行连续速度移动的命令，如图 36-40 所示。执行此命令后，可以采用手动控制方式定位工具。输入"目标速度"和"目标方向"，单击"启动"按钮即可执行连续移动。单击"停止按钮"（或者发生错误情况）之前，运动将一直持续进行。

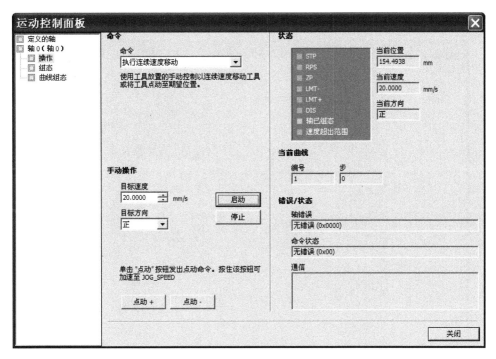

图 36-39　运动控制面板

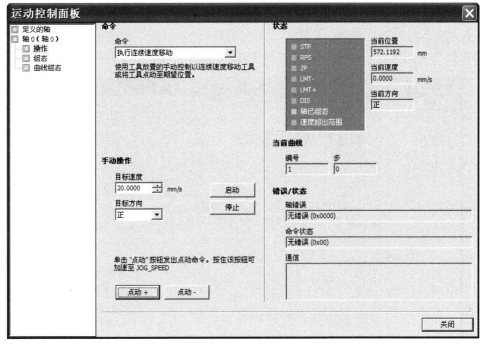

图 36-40　执行"连续速度"移动

运动控制面板可以执行查找参考点命令，如图 36-41 所示。该命令将使用组态的搜索模式查找参考点。单击"执行"按钮，运动轴将使用轴组态中所指定的搜索算法发出"查找参考点"的命令。若单击"中止"按钮,将在找到参考点之前中止查找过程。

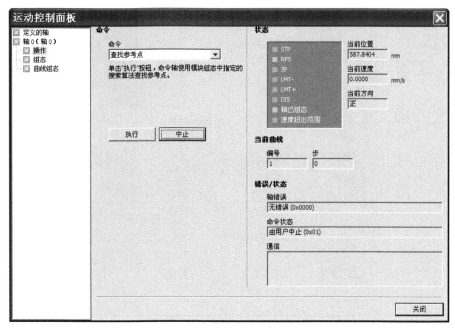

图 36-41  执行"查找参考点"命令

运动控制面板可以执行"加载参考点偏移量"命令,如图 36-42 所示。当采用手动操作使工具点动运行到新位置后,加载"参考点偏移量"。采用手动控制将工具置于新位置。单击"执行"将此位置另存为"RP_OFFSET"。将当前位置设置为零点。

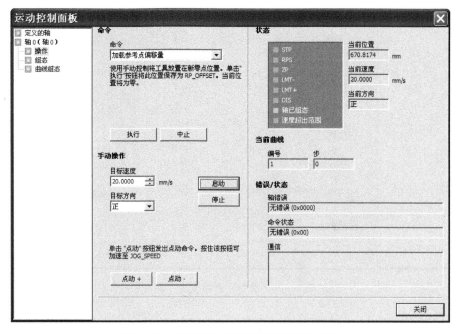

图 36-42  执行"加载参考点偏移量"命令

运动控制面板可以执行"重新加载当前位置"命令，如图 36-43 所示。该命令用于更新当前位置值并建立新的零点位置。输入要设置的位置并单击"执行"按钮即可更新当前位置。这还将建立新的零位置。

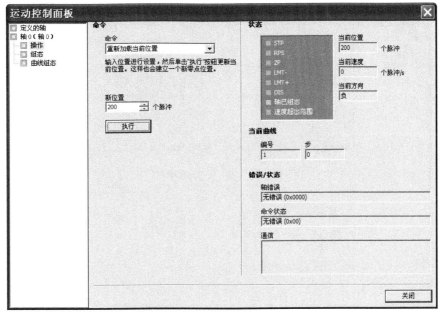

图 36-43　执行"重新加载当前位置"命令

运动控制面板可以执行"移动到绝对位置"命令，如图 36-44 所示。该命令运行以目标速度移至指定位置。在使用此命令之前，必须已经建立零位置。可以指定"目标速度"和要移至的"绝对位置"。

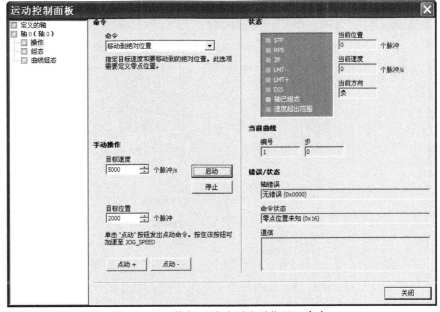

图 36-44　执行"移动到绝对位置"命令

运动控制面板可以执行"以相对量移动"命令，如图 36-45 所示。该命令允许以目标速度从当前位置移动到指定距离，可以输入正向或者负向距离，可以指定"目标速度"和"目标位置"。

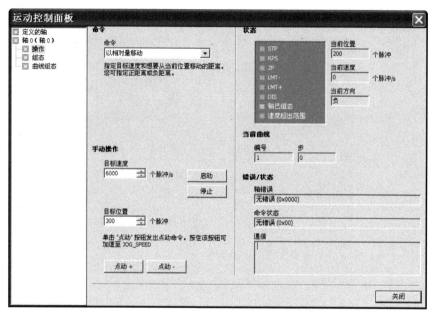

图 36-45　执行"以相对量移动"命令

运动控制面板可以执行"曲线"命令，如图 36-46 所示。该命令可以执行所选择的曲线。控制面板现实运动轴正在执行的曲线的状态。选择所要执行的曲线，单击"执行"按钮，然后运动轴将执行该曲线。

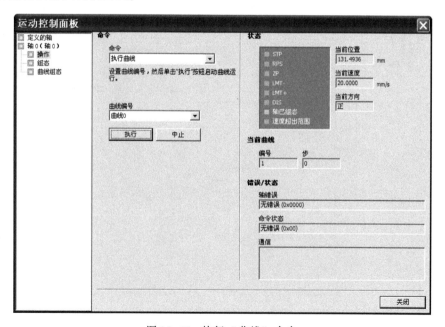

图 36-46　执行"曲线"命令

除以上命令外，运动控制面板还可以生成"激活 DIS 输出""取消激活 DIS 输出"和加载轴组态命令。

运动控制面板的"组态"节点如图 36-47 所示，在此可以查看和修改存储在 CPU 数据块中的运动轴组态设置。

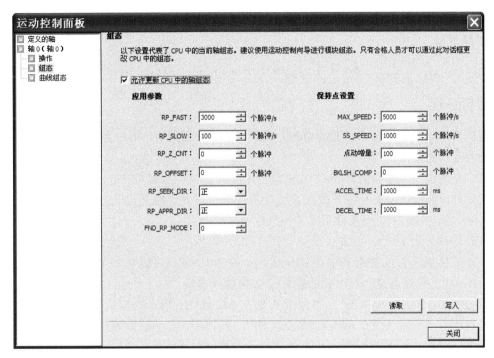

图 36-47　运动控制面板的"组态"节点

在修改组态设置后，只需要单击"写入"按钮便可以将数据直接传到 CPU。这些数据不保存在 STEP 7-Micro/WIN SMART 项目中。必须对项目进行可反映出这些字段最终值的手动更改。

在运动控制面板的"曲线组态"节点中可以查看运动轴的每条曲线组态。可以修改曲线的一部分数据值。修改组态设置后，只需要单击"写入"按钮便可以将数据直接传到 CPU。这些数据不保存在 STEP 7-Micro/Win SMART 项目中，必须对项目进行可反映出这些字段最终值的手动更改。

# 项目 37　PC Access SMART 配置

## 项目要求

实现 PC Access Smart 通过以太网的方式访问 S7-200 SMART PLC 的数据。

## 项目分析

OLE 是 Object Linking and Embedding 的缩写，是微软为 Windows 系统、应用程序间的数据交换而开发的技术。

OPC 是 OLE for Process Control 的缩写，是嵌入式过程控制标准，是一个标准化、与供应商无关的软件借口，是一种开放式系统接口标准，可允许在自动化/PLC 应用、现场设备和基于 PC 的应用程序之间进行简单的标准化数据交换。

OPC 软件大致上可分为 OPC 服务器软件和 OPC 客户机软件。OPC 服务器作为数据源，以标准方式提供需要的数据和数据访问机制；而 OPC 客户机能访问 OPC 服务器提供的数据，以在 PC 上进行监控、调用和处理 PLC 的数据和事件。

S7-200 PC Access SMART 是可用来从 S7-200 SMART PLC 提取数据的一款软件应用程序，其安装了 "Siemens PC Access SMART OPC 服务器" 用于数据通信，示意图如图 37-1 所示。可以创建 PLC 数据变量，然后使用内含的测试客户端进行 PLC 通信。

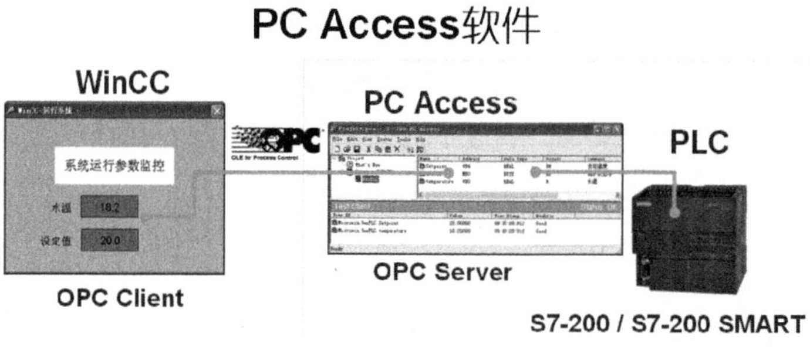

图 37-1　PC Access Smart 的访问

S7-200 PC Access SMART 要求 Windows XP 用户具有高级用户权限，Windows 7 用户具有管理员权限。必须具备所需的权限才能通过 Siemens PC Access SMART OPC 服务器读/写变量数据。

S7-200 PC Access SMART 支持适用于局域网（LAN）和广域网（WAN）的 S7-200 SMART CPU 以太网 TCP/IP 通信协议，以太网对多个计算机的互连流程进行了标准化，而且能够对网络上的数据流进行控制。该软件还提供了 Visual Basic 应用程序插件，Excel 可借助该插件从 S7-200 PC Access SMART OPC 服务器获取数据。通过该插件的工具栏，可向 Excel 电子表格中添加按钮和公式以读写 PLC 数据。

## 编程示例

### 1. 设置通信访问通道

在控制面板中找到"设置 PG/PC 接口"设置通信方式。选择尾部为"TCP/IP.Auto.1<激活>",单击"确认"按钮,将访问路径更改为以太网方式,如图 37-2 所示。

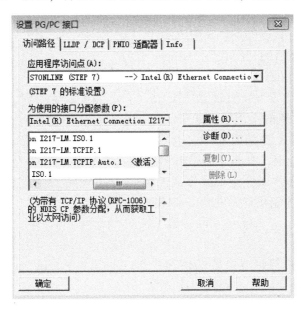

图 37-2　设置 PG/PC 接口对话框

### 2. 创建 PLC

鼠标右键单击"MWSMART (TCP/IP)",进入"新建 PLC"的右键菜单,添加一个新的 S7-200 SMART PLC 站。在 PLC 属性对话框中定义 PLC 名称,如"New PLC (1)",输入 PLC 的网络地址为"192.168.2.40",单击"OK"按钮,PLC 添加完成,具体设置如图 37-3 所示。

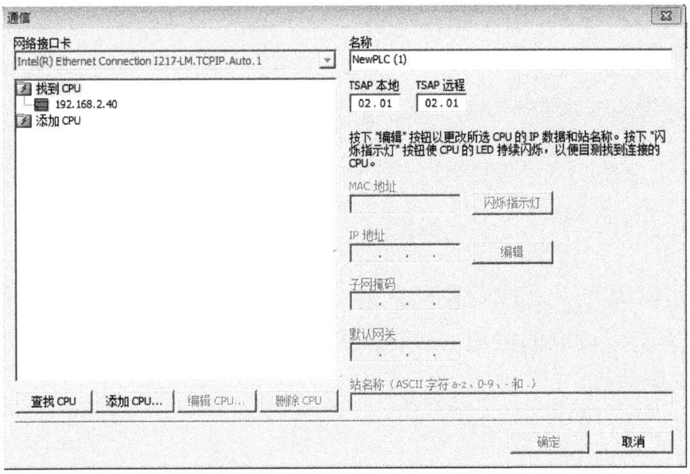

图 37-3　新 PLC 创建菜单

### 3. 创建文件夹

鼠标右键单击所添加的 S7-200 SMART PLC 名称，进入"新建"→"文件夹"添加文件夹并命名为"文件夹 1"，注意这一步不是必需的，可以省略，不建立文件夹也可以直接在 PLC 下从右键菜单中选择添加条目。

### 4. 创建条目

鼠标右键单击文件夹，进入"新建"→"条目"添加 PLC 内存数据的条目。在"条目属性"对话框中定义条目的符号名为"temperature"，定义内存数据地址如"VD0"，选择数据类型为"REAL"（实数型），选择数据的访问方式为"读"，定义数的上下限，如范围为"0~100°"，描述说明为"水温"，单击"确定"按钮，条目添加完成，具体设置如图 37-4 所示。配置完成后必须保存整个配置文件。这样 OPC 客户端软件才能找到 S7-200 SMART OPC 服务器配置。

图 37-4　条目创建菜单

### 5. 测试通信质量

PC Access Smart 软件带有内置测试客户端，用户可以方便地使用它检测配置及通信的正确性。将测试的条目拖拽到测试客户端，单击测试客户端状态按钮，使之在线连接 PLC。如果配置及通信正确会显示数据值，在"质量"一栏中显示"良好"，否则这一栏会显示"差"，具体情况如图 37-5 所示。

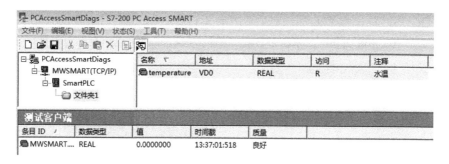

图 37-5　测试结果

在 STEP 7 Micro/WIN SMART 软件的状态图表中修改"VD0"的值，可以看到 PC Access Smart 测试客户端读取的值随之改变，因此 PC Access Smart 通过以太网方式成功访问了 S7-200 SMART 的数据。

# 参 考 文 献

[1] 廖常初. S7-200 SMART PLC 编程及应用 [M]. 3 版. 北京：机械工业出版社，2019.

[2] 刘华波，何文雪，王雪. 西门子 S7-300/400 PLC 编程与应用 [M]. 2 版. 北京：机械工业出版社 2015.

[3] 刘华波. 西门子 S7-200 PLC 编程与应用案例精选 [M]. 2 版. 北京：机械工业出版社 2016.

[4] 西门子（中国）有限公司. S7-200 SMART 可编程序控制器系统手册. 2016.

[5] 西门子（中国）有限公司. S7-200 SMART 可编程序控制器产品样本. 2020.